U0879356

云南省人群环境暴露行为模式研究

（儿童卷）

黄建洪　张　琴　谢　鑫　田森林　崔祥芬　编著

中国环境出版集团·北京

图书在版编目（CIP）数据

云南省人群环境暴露行为模式研究. 儿童卷 / 黄建洪等编著. -- 北京 : 中国环境出版集团, 2024. 9.
ISBN 978-7-5111-5921-2

Ⅰ. X503.1

中国国家版本馆CIP数据核字第20245D8L51号

责任编辑 孔　锦
封面设计 岳　帅

出版发行 中国环境出版集团
（100062　北京市东城区广渠门内大街 16 号）
网　　址：http://www.cesp.com.cn
电子邮箱：bjgl@cesp.com.cn
联系电话：010-67112765（编辑管理部）
发行热线：010-67125803，010-67113405（传真）

印　　刷 北京中科印刷有限公司
经　　销 各地新华书店
版　　次 2024 年 9 月第 1 版
印　　次 2024 年 9 月第 1 次印刷
开　　本 787×960　1/16
印　　张 5.25
字　　数 100 千字
定　　价 49.00 元

前 言

环境暴露行为模式研究在科学评估环境健康风险中的重要性日益凸显。尤其是在中国，随着经济的快速发展和城市化进程的加速，人群对环境污染物的暴露情况变得复杂多样。地区差异、气候条件、年龄结构、民族文化等因素对暴露参数的影响不容忽视。因此，开展本地化的人群环境暴露行为模式研究，对于科学评估环境健康风险和制定有效的环境政策具有重要意义。

儿童作为人群中的特殊群体，其对环境中化学物质的暴露情况可能与成人存在差异。因此，科学准确地评估儿童的暴露参数显得尤为关键。云南省位于中国西南部，其独特的地理环境和气候条件与其他地区有显著差异。此外，该地区拥有丰富的民族文化和多样的生活习惯，这些因素可能对本地儿童的环境暴露行为模式产生差异化的影响。据此，针对云南省儿童开展本地化的环境暴露行为模式研究显得尤为重要。

为了深入理解云南省儿童环境暴露行为模式的特点，并准确获取儿童暴露参数，以提高儿童环境健康风险评估的科学性，云南省生态环境厅委托昆明理工大学于 2019—2022 年开展了云南省人群环境暴露行为模式研究。研究结果汇集成《云南省人群环境暴露行为模式研究（儿童卷）》。本书共分为 6 章，具体内容包括：第一章系统介绍了项目的背景和意义、国内外研究进展、调查对象与内容、调查方法、数据管理与统计分析、质量控制与评价；第二章介绍了调查对象的基本情况；第三章介绍了云南省儿童水环境介质相关的暴露特征；第四章介绍了云南省儿童土壤/尘环境介质相关的暴露特征；第五章总结了云南省儿童环境暴露行为模式研究项目成效；第六章对主要研究结论、存在的问题进行凝练，并提出对策与建议。

本书旨在为云南省进行儿童暴露参数评估提供指导和参考。在本书编写过程中，我们积极与云南省相关部门和专家进行沟通和交流，借鉴实际经验和专业意见，以确保报告在科学性、实用性和适用性等方面能较好兼顾。本书出版得到国家重点研发计划项目《高地质背景土壤重金属污染风险管控与安全利用技术及应用示范》（项目编号：2023YFC3709100）的部分资助。感谢参与本项目研究及报告编写的研究生陈珊、陈允建、伏江丽、郎丽君、吴佩雨、张庭婷、郑前兴、汪沛、林益超、司美艳、董泽靖、黄玥娜、李佳玥、朱彬等。特别感谢北京科技大学段小丽教授、王贝贝老师，生态环境部华南环境科学研究所于云江研究员、胡国成研究员，云南省疾病预防控制中心王晋昆高工，以及云南省生态环境厅管琼、高红英、李志明等同志对本书的悉心指导和支持。中国环境出版集团孔锦编辑对本书撰写提出了宝贵建议，在此一并表示谢意。

期望本报告能成为云南省儿童暴露参数评估工作的参考工具和指南，为保护和促进儿童健康发挥积极作用。由于时间和经验限制，书中难免有不足之处，恳请各界专家学者批评指正。

编著者
2024 年 7 月

目 录

第一章 概 述 1

第一节 背景和意义 1

一、研究背景 1

二、研究目的 2

三、研究意义 2

第二节 研究进展 3

一、暴露参数 3

二、国内外研究进展 4

第三节 调查对象与内容 6

一、调查对象 6

二、调查区域 6

三、调查内容 7

第四节 调查方法 8

一、抽样设计 8

二、调查实施 9

第五节 数据管理与统计分析 13

一、数据管理 13

二、数据预处理 13

三、统计分析策略 14
第六节 质量控制与评价 14
一、质量控制 14
二、评价指标 16

第二章 调查对象基本情况 18
第一节 调查对象分布及组成 18
第二节 身体特征 20

第三章 云南省儿童水环境介质相关的暴露特征 22
第一节 饮水摄入量 22
一、直接饮水量 22
二、间接饮水量 24
三、全年总饮水量 26
第二节 水暴露类型 27
一、饮水特征 27
二、用水特征 31
第三节 水暴露时间 37
一、洗澡时间 37
二、游泳时间 39
第四节 综合分析 41
一、云南省儿童环境暴露参数与我国、美国儿童存在显著差异 41
二、云南省儿童环境暴露行为模式存在年龄、性别、城乡、地区和民族差异 43
三、低年龄段儿童对环境暴露更敏感 44
四、在环境管理中的应用 44
第五节 应用（健康风险评估） 45

第四章 云南省儿童土壤/尘环境介质相关的暴露特征 48
第一节 土壤/尘暴露类型 48
一、户外活动特征 48

二、户外活动场所 50
第二节 土壤/尘暴露时间 53
一、土壤暴露时间 53
二、手口/物口接触时间 54
第三节 土壤摄入率 60
第四节 综合分析 60
一、云南省儿童土壤/尘环境暴露参数与我国、美国存在显著差异 60
二、云南省儿童土壤/尘环境暴露行为模式存在年龄、性别、城乡、地区和民族差异 61
三、低年龄段儿童对环境暴露更敏感 63
第五节 应用（环境健康风险评估） 63
一、经口摄入日均暴露量 63
二、经皮肤摄入日均暴露量 63

第五章 项目成效 65

第一节 重要进展和成果 65
第二节 社会效益 66
一、推动了地方人群暴露参数研究，促进了健康云南建设 66
二、推动了生态文明建设，保障了人体健康 66

第六章 结论与建议 68

第一节 主要研究结论 68
第二节 存在的问题 68
第三节 对策与建议 69

参考文献 70

附 录 72

附录 1 儿童调查点位及样本分布 72
附录 2 云南省人群时间活动行为模式调查——儿童卷 73

第一章

概　述

第一节　背景和意义

一、研究背景

健康是促进人的全面发展的必要条件，是经济社会发展的基础，工业化、城镇化、人口老龄化、疾病谱变化、生态环境及生活方式变迁等，都给维护和促进健康带来了一系列新的挑战。目前，健康服务供给总体不足，与不断增长的需求之间的矛盾依然突出。健康领域的发展与经济社会发展的协调性亟待加强，需要从国家战略层面统筹解决相关的重大和长远问题。2017 年环境保护部发布《国家环境保护“十三五”环境与健康工作规划》，要求选择若干重点地区，开展环境健康风险源和环境总暴露调查。根据风险源的分布、环境介质中主要有毒有害污染物的水平、人群的主要暴露途径及暴露人群的分布特点，提出环境健康风险防控措施。2017 年环境保护部和科技部发布的《国家环境保护“十三五”科技发展规划纲要》，针对环境与健康方面科技需求，提出建立污染物多途径、多介质人群暴露贡献率的研究方法、健康毒性数据筛选和评价方法，加强特殊人群暴露参数的研究，为制定水、气、土壤健康基准提供科学依据。2018 年环境保护部发布的《国家环境保护环境与健康工作办法（试行）》提出，各级环境保护主管部门应根据环境管理需要，引导环境与健康科学技术研究、开发和应用，促进环境与健康能力建设，支持产学研结合，推动科技创新。

2016 年云南省环境保护厅发布《云南省环境保护“十三五”规划纲要》，提出开展云南省环境风险区划，建立各类环境要素的环境风险评价指标体系，并制定环境风险管理方案。2017 年中共云南省委、云南省人民政府发布《“健康云南 2030”规划纲要》，提出逐步建立健全环境与健康管理制度，开展重点区域、流域、行业的环境与健康调查，并加强环境风险评估等环境与健康方面的基础性工作。因此，开展环境与健康方面的科学研究工作，是落实国家和云南省关于加快建设生态文明、保护人民健康的基本要求。

二、研究目的

我国全国性调查通常采用分层抽样方法，各省份根据比例抽取一定数量的县（区）、乡镇/街道、居委会/行政区作为样本进行调查。这些调查数据主要代表该省份整体人群环境暴露情况。然而在更小的区域或更具体的研究范围内，样本的代表性可能会受到一定的限制。因此，在进行区域环境健康风险评估时，如果仅采用省级平均值，可能会导致风险的高估或低估。目前，对于具有多民族特色的西南高原地区的研究十分有限，为了解具有多民族特色的西南高原地区——云南省人群环境暴露行为模式特征，并提高区域健康风险评估的准确性，为政府工作和科学研究提供基础数据，云南省生态环境厅于 2018 年委托昆明理工大学环境科学与工程学院开展云南省人群行为模式与暴露参数的调查项目，并予以经费支持。本书是在“中国人群环境暴露行为模式调查（儿童卷）”的基础上形成的，由昆明理工大学主导，联合云南省疾病预防控制中心、北京科技大学等多所高校和机构共同完成。

三、研究意义

根据人群暴露参数的影响因素（如经济发展水平、地理分布和人群生活习惯等），选择具有代表性的地区和人群，获得人体基本参数和涉水、涉土壤/尘等特征参数，建立能够反映云南省人群环境暴露特征的基础数据库，编制并发布《云南省人群环境暴露行为模式研究报告（儿童卷）》（以下简称《研究报告》），《研究报告》旨在进一步提高我国健康风险评价的准确性。

《研究报告》探讨了云南省儿童环境暴露行为模式特征，为儿童环境健康风险防范提供了科学依据。通过这项研究获得的儿童暴露参数，不仅提高了我国环境健康风险评价基础数据的完整性，而且增强了环境健康风险评价的针对性和准确性。在环境基准推导、污染物防控优先次序识别、环境影响评估、化学品风险管理和污染场地风险评估等领域具有重要的应用价值。

第二节　研究进展

一、暴露参数

环境与健康定义为：关注外在环境因素（如污染物的物理性、化学性和生物性等）和其他相关行为影响因素（如人群行为模式），其目的是通过评估和控制影响人体健康的潜在因素，实现“预防疾病，创造有益健康环境”的目标。环境污染对人体健康的影响具有长期性、隐蔽性和不可逆性，因此，进行环境健康风险评估，以明确环境污染导致的人体健康问题，是实施健康中国行动计划的关键环节。健康风险评估（Health Risk Assessment）是一种将环境污染与人体健康相联系的过程，基于环境污染物浓度与人体时间行为活动模式等参数，评估人群暴露于环境污染物而发生的有害效应的可能性。目前，在健康风险评估的研究中，大多数采用美国国家环境保护局（USEPA）提出的四步法，即风险识别、暴露评估、剂量-反应评估和风险表征。风险识别是健康风险评估的首要步骤，主要在收集和分析相关数据的基础上，识别潜在污染物，判定污染物是否具有致癌性；暴露评估在识别暴露人群、分析暴露途径、获得人群暴露参数的基础上，选择合适的暴露评估模型计算人体暴露剂量，其是健康风险评估准确性的关键步骤；剂量-反应评估是确定污染物暴露浓度与人体（动物）出现不良反应的关系，其是健康风险评估的重要步骤；风险表征是在综合分析风险识别、暴露评估和剂量-反应评估的基础上，对研究地区暴露人群产生的有害效应发生的概率进行评估的过程。该方法对环境污染物浓度、环境污染物的理化性质、暴露人群特征（性别、年龄等生理特征；饮水量、涉水时间等时间行为模式特征）进行暴露评估，是一种综合评价方法。

暴露参数是描述人体暴露环境介质的特征和行为的基本参数，是决定环境健康风险评价准确性的关键因素（曹美苑等，2020）。环境健康风险评价的准确性是建立在对污染物人体暴露剂量的准确评价之上。在能够准确定量环境介质中污染物浓度的前提下，选择的暴露参数数值越能反映评价目标人群的实际暴露状况，那么暴露剂量的评价结果就越准确，环境健康风险评价的结果也越可靠。

暴露参数根据参数类别可分为摄入量参数、时间行为活动模式参数和其他暴露参数 3 类，本书按环境暴露介质的不同将云南省儿童暴露参数分为涉水暴露参数、涉土壤/尘暴露参数和其他暴露参数 3 类。

二、国内外研究进展

当前，美国、日本、韩国以及中国等纷纷发布了各自的人群暴露参数手册。这些手册在提高暴露评价和健康风险评估的准确性，以及环境质量评价的准确性方面起着重要的作用，已成为政府工作人员和科研学者在进行健康风险类工作和相关研究时不可或缺的工具。

美国是世界上最早发布暴露参数数据库和手册的国家。1989 年出版了第一版《暴露参数手册》（*Exposure Factors Handbook*），于 1997 年进行修订。该手册详细规定了不同人群呼吸、饮食、饮水和皮肤接触等方面的参数，为这些参数在不同情境提供了均值、中位值、最大值、最小值和范围值等统计数据，并提出了在不同情况和需求下选用暴露参数的原则和建议。为了进一步提升暴露参数的相关工作的准确性和效率，USEPA 进一步启动了专门的“暴露参数项目”（Exposure Factors Program），将暴露参数调查作为一项常规性事务工作来推动（USEPA，2019）。USEPA 的《暴露参数手册》不仅为美国的环境健康科研和管理工作者提供了宝贵的参考，而且在化学品管理、环境空气质量标准修订等环境管理过程中均发挥了重要的作用。与此同时，这些《暴露参数手册》发布后也为世界各国进行健康风险评价的科研和管理人员提供了广泛引用的依据，《暴露参数手册》的框架也为世界各国制定适合各自国家特色的暴露参数手册提供了参考。

欧洲国家的暴露参数数据库始于 2002 年，是由 CEFIC-LRI 资助的研究项目。该项目的主要目的是参考 USEPA《暴露参数手册》，开发出适合欧洲特色的居民暴露参数数据库（European Commission Joint Research Center），经过为期 4 年多的研究，综合了 30 个欧洲国家，最终建立了 ExpoFacts 暴露参数数据库和工具包。数据库中的暴露参数包括居住条件、食品和饮料的摄入率、活动模式、人体特征参数、社会人口学参数等。除了数据库本身，还包括参考指南和参考文献库。ExpoFacts 暴露参数工具包自 2006 年正式启用，为不同欧洲国家在暴露评价研究中提供了检索、查询和下载暴露参数的功能，为欧洲国家环境管理提供了重要的支持。

《日本暴露参数手册》(*Japanese Exposure Factors Handbook*) 是日本产业技术综合研究所化学物质风险管理研究中心于 2007 年参考 USEPA《暴露参数手册》的框架而编制的，该手册中包括人体特征参数、经口暴露参数、皮肤暴露参数、时间活动模式等（National Institute of Advanced Industrial Science and Technology，2009）。该手册与 USEPA《暴露参数手册》的不同之处在于，它包括苯、甲苯、氯苯、甲醛等常见污染物的暴露浓度和二噁英、镉、汞等污染物在母乳、血、尿液、头发等中的体内负荷。

《韩国暴露参数手册》(*Korean Exposure Factors Handbook*) 是韩国环境部于 2009 年发布的。该手册是在参考 USEPA《暴露参数手册》框架的基础上，根据韩国居民的特点编制的，包括人体特征参数（体重、平均寿命、皮肤表面积等）、吸入率、土壤摄食率、食物消费、淋浴和盆浴、时间活动参数、人口流动性、居住容积和住宅变更等（Kim et al.，2006）。

我国开展过一些大规模的调查，在暴露参数方面有一些可以参考的资料信息。国家卫生健康委员会、国家体育总局、国家统计局的很多资料和信息，在不同层面上都具有借鉴意义。这些调查为我国暴露参数的发布奠定了数据基础，从这些调查中可以获取食物摄入率等参数。但是，这些调查结果远不足以支持发布全面的暴露参数手册，尤其是在时间-活动模式方面，还有比较大的数据缺口。2011—2012 年，环境保护部科技标准司委托中国环境科学研究院，在我国 31 个省、自治区、直辖市（未包括香港、澳门和台湾地区）的 159 个县（区）针对 18 岁及以上常住居民 91 527 人（有效样本 91 121 人）开展并完成了中国人群环境暴露行为模式研究工作（环境保护部，2013a）。通过调查人体经呼吸、经口和经皮肤暴露于环境的特征参数等，并综合国内其他相关调查、研究及统计信息，建立了能够反映中国人群特点的暴露参数数据库，编制完成《中国人群暴露参数手册（成人卷）》（以下简称《手册》），并于 2014 年 3 月正式发布。继成人（18 岁及以上）研究成果发布后，环境保护部于 2015—2016 年完成了对 0～5 岁、6～17 岁儿童的研究，并编制了《中国人群环境暴露行为模式研究报告（儿童卷）》、《中国人群暴露参数手册（儿童卷：0～5 岁）》和《中国人群暴露参数手册（儿童卷：6～17 岁）》（环境保护部，2016）。《手册》系统反映了我国人群环境暴露行为的特点，其时间活动模式参数对规范我国定量微生物风险评价（QMRA）工作中的暴露参数选用有重要意义。环境保护部于 2017 年发布《暴露参数调查技术规范》（HJ 877—2017），生态环境部于 2019 年发布《暴露参数调查基本数据集》（HJ 968—2019），这两项标准为指导我国在暴露参数领域的研究提供了重要依据。

第三节 调查对象与内容

一、调查对象

本调查参考国内外儿童生长发育特征研究结果，结合我国儿童环境暴露行为模式研究需要，将调查儿童的年龄划分为0～5岁、6～17岁（表1-1）。对云南省16个市（州）的128个县的儿童开展云南省人群时间行为模式调查。

表1-1 不同年龄儿童生理特征及行为特征

年龄段	生理特征	行为特征
0～5岁	0～1岁，生长发育快速期。1岁以后进入幼儿期，体格生长速度较婴儿期缓慢，体重增长2～3 kg，身长增长约10 cm。5岁，身高、体重的增长速度仍处于稳速增长阶段，身高增长速度稍快，体重增长相对较慢	0～1岁，由摄入母乳或其他乳类到逐渐添加辅食，开始有手口、物口接触行为。1岁以后摄入的食物品种基本与成人一致，乳类摄入逐渐减少。动作能力快速发展，独自站立行走，活动范围扩大，呼吸区域更大，活动强度增大。5岁，大部分儿童开始进入托幼机构参加集体生活，智力、语言和动作等发育较快。有了规律的交通出行活动时间，生活基本能够自理，膳食种类和烹调方法基本与成人接近
6～17岁	生长速度平稳。9岁，女童进入青春发育初期，生殖系统发育加速，生长突增。12岁，男童进入青春发育初期，生长模式与女童基本一致。15～17岁，进入青春发育中、后期，生殖系统发育加速并趋于成熟，其他主要脏器发育趋于成熟，生理机能增强	脑的形态结构发育基本完成，智能发育进展较快。手口及物口接触行为均减少。饮食摄入量持续增加，生活范围和活动内容逐渐复杂化

二、调查区域

本调查综合考虑区域因素（如气候温度、降水、人均收入、湿度、城乡等）和个体因素［如年龄、性别、身体质量指数（BMI）、民族等］，将云南省 16 个市（州）分为 6 个区域。每个区域随机选择 1 个市（州）进行调查（表 1-2）。

表 1-2　调查地区分布

片区	市（州）	样本市（州）
A 区	迪庆藏族自治州、怒江傈僳族自治州、丽江市	丽江市
B 区	大理白族自治州、保山市	大理白族自治州
C 区	临沧市、德宏傣族景颇族自治州、普洱市、西双版纳傣族自治州	普洱市
D 区	昭通市、曲靖市	曲靖市
E 区	昆明市、玉溪市、楚雄彝族自治州	昆明市
F 区	红河哈尼族彝族自治州、文山壮族苗族自治州	红河哈尼族彝族自治州

三、调查内容

暴露参数种类繁多，包括有不同暴露环境介质、暴露途径与时间活动模式（图 1-1）。本次调查内容主要包括调查对象基本情况、与水环境介质相关的暴露特征和与土壤环境介质相关的暴露特征 3 个方面（表 1-3）。

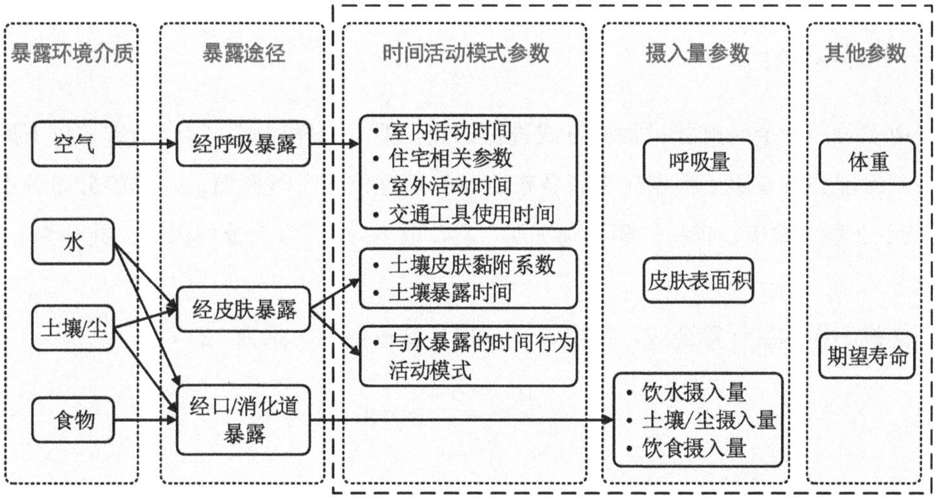

图 1-1　暴露参数分类

表 1-3 调查内容

类别	项目	调查内容
调查对象基本情况	儿童情况	性别、年龄、地区、民族
	家庭情况	家庭经济状况，抚养人的教育程度、职业等基本情况
与水环境介质相关的暴露特征	身体特征	身高、体重、皮肤表面积
	摄入量	饮水量（直接饮水量、间接饮水量和总饮水量）
	暴露类型	与水相关的暴露类型（饮水及用水特征、洗澡及游泳地点）
	暴露时间	与水相关的暴露时间（洗澡和游泳时间）
与土壤环境介质相关的暴露特征	暴露类型	户外活动特征、场所、土壤暴露类型
	暴露时间	与土壤/尘相关的暴露时间
	摄入量	土壤/尘摄入量
	经口摄入	与洗手、手口和物口接触相关的暴露特征

第四节 调查方法

一、抽样设计

（一）样本量计算

采用多阶段分层整群随机抽样方式进行调查，根据抽样原则，将云南省按以下原则进行分层：地理分布 6 层［根据云南省各市（州）地理位置、气候情况、民族分布等进行分层］，城乡 2 层（城市、农村）和性别 2 层（男、女）；按照以上分层因素，共分为 6×2×2=24 层。

根据最小样本量计算公式，得出 6～17 岁儿童每层样本量为 32 人。

$$N_i=\left(\frac{\mu_{\alpha/2}\times\sigma}{r\times\mu}\right)^2\times \mathrm{deff}/(1-p) \quad (1\text{-}1)$$

式中：N_i——最小样本量；

$\mu_{\alpha/2}$——显著性水平为 95%时相应的标准正态差，取 1.96；

σ——标准偏差，取 480；

p ——失访率，取 15%；

r ——允许误差，取 15%；

μ ——总体均数，取 1 338；

deff ——设计效应值，取 1.2。

为了便于统计分析，0～5 岁儿童匹配该样本量，为 1 536 份。

（二）抽样步骤和方法

在预调查的基础上，对普洱市、红河哈尼族彝族自治州（以下简称红河州）、丽江市、大理白族自治州（以下简称大理州）、曲靖市、昆明市 6 市（州）儿童采用多阶段分层随机抽样的方法调查：

第一步：从上述市（州）随机抽取 2～3 个调查县（区）；

第二步：从抽取的县（区）中，采用简单随机抽样的方式抽取 2～4 个乡镇/街道；

第三步：在抽中的乡镇/街道中，将常住人口的门牌号从小到大排序，30 户为 1 组；采取随机抽样的方式抽取 2 组进行调查。

（三）调查对象置换

若存在调查对象拒绝调查、调查对象因健康原因不能接受调查等则进行居民户置换，置换原则为就近原则，尽量选择同村的居民户进行置换，若无法实现则采取邻近村居民户置换的原则进行，置换率不能超过 10%。

二、调查实施

考虑本项目研究内容的多样性，从两个方面对调查方法进行说明。对于人群时间行为模式调查，采用问卷调查、现场调查（半定量和定量）方法进行调查；对于土壤摄入率调查，采用手尘法进行调查，现场调查步骤如图 1-2 所示。

（一）时间行为模式调查

（1）问卷调查。

采用自行设计的问卷进行一对一询问或集中填写的方式进行现场调查。9 岁以下儿童，对其抚养人进行一对一询问；9 岁及以上儿童，则对儿童本人进行一对一询问。

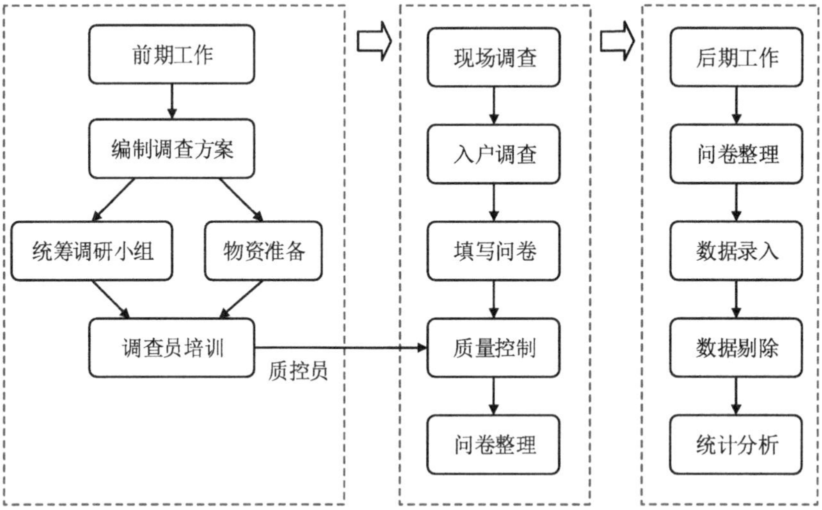

图 1-2　现场调查步骤

（2）半定量现场调查。

针对饮水量这一参数，采用半定量的方式进行调查，调查时由调查员向调查对象出示标准碗（300 mL）和标准杯（250 mL）（图 1-3），以便准确估算调查对象饮水量。调查内容主要包括直接饮水量、间接饮水量（儿童包括喝冲调水和喝粥/汤等摄入的饮水量，成人包括喝粥/汤等摄入的饮水量）和总饮水量。此处直接饮水量指白水，或以茶、咖啡、配方奶粉、钙片等形式的冲调水，不包括购买的牛奶、酸奶、饮料等商品性质的水。

（a）标准碗

（b）标准杯

图 1-3　标准碗和标准杯

（3）定量现场调查。

针对人群身高、体重等基本参数，采用定量的方式进行调查，调查时由调查员采用统一的测量方法进行测量。

①身高测量：测定时要求调查对象呈立正姿势站立于平坦靠墙的地方，并且要求其双膝合拢挺直，足跟、骶骨及肩胛间区与墙面接触，躯干自然挺直，头部水平紧贴墙面，两眼平视前方，耳屏上缘与眼眶下缘需保持在同一水平线。调查员站在其右侧，使用身高尺进行测量，记录时以 cm 为单位，精确到 0.1 cm。

②体重测量：测量前将体重秤放置于平坦水平面上，并对体重秤进行校准。测量时调查对象需在清晨空腹的状态下，且赤足、脱帽、只穿着贴身的衣服，并双足水平站立于踏板中间，双手水平放置于身体两侧，不可接触其他物体。调查员记录数据，以 kg 为单位，精确到 0.1 kg。

（二）典型地区土壤摄入率调查

（1）土壤样品采集。

①采样材料：铁锹、铁铲、小盆、自封袋、记号笔、标签纸等。

②样品采集：土壤样品数量的采集一般取决于 3 个因素：一是研究区域的面积及空间变异性；二是数据的统计分析方法；三是采样工作量及费用。一般来说，研究区域面积越大，需要采集的土壤样本数量越多；空间变异性越大，需要采集的土壤样本数量越多。样本数量越多，统计分析越准确，但相应的采集工作量也随之增大，《土壤环境监测技术规范》（HJ/T 166—2004）规定每个监测单元最少设 3 个采样点。因此，本项目采用梅花布点法采集 5～8 份土壤，现场混合为 1 个土样，最终取 0.5 kg，多余的土壤样品用四分法舍弃。

（2）手尘样品采集。

①采样材料：湿纸巾、无尘手套、无尘自封袋、样品标签、记号笔等。

②样品采集：第一步，由采样人员 A 对采样对象进行问卷调查，记录采样日期和时间（24 h 制）；第二步，请采样对象正坐于采样人员 B 对面，充分暴露双手及手臂，取下双手及手臂的所有饰品，保持双手干燥且双手伸直抬起，不拿、捏、提任何物品；第三步，请采样对象抬起并伸直手臂，保持手心朝上；采样人员戴好无尘手套，将准备好的湿纸巾取出，以手腕第一条腕线为界，从上至下，从左至右轻柔擦拭儿童手掌；第四步，请采样对象抬起并伸直手臂，保持手背朝上；不更换湿纸巾并使用同一面轻柔擦拭儿童手

背，擦拭方法与第三步相同；第五步，采样人员不更换湿纸巾并使用同一面擦拭儿童手指缝，采用从小指指尖向下擦拭儿童指缝，从无名指指根向上擦拭至无名指指尖，依此类推，直至擦拭完儿童双手指缝；第六步，采样人员将湿纸巾朝擦拭面对折，先长边对折再短边对折；第七步，将折好的湿纸巾放入无尘自封袋中保存；第八步，采样人员将存有湿纸巾的无尘自封袋放入样品箱，并保证开口朝上，避免样品污染。

③问卷调查：在进行样品采集时需对采样对象辅以问卷调查，以获取采样儿童基本情况及其行为习惯，从而对儿童土壤摄入率进行影响因素分析。调查方法见时间行为模式调查。

（3）环境样品预处理。

①手尘样品：将采样后的湿纸巾于 45℃超净环境下进行充分干燥，之后平衡 24 h，用 1/10 000 天平进行称重，记录采样后无尘布的全重。

②土壤/尘样：将采样后的土壤/尘样于 120℃环境下进行充分干燥。

（4）环境样品处理。

①手尘样品：将无纺布全部置于聚四氟乙烯的微波消解管中。加 5 mL 硝酸，放入赶酸仪器，进行预消解（敞口加热 30 min），待冷却后再加入 2 mL 过氧化氢和 1 mL 氢氟酸，盖上消解盖。按照设定的消解程序消解：首先升温 5 min 至 120℃，保持 5 min；其次升温 5 min 至 140℃，保持 5 min；升温 5 min 至 160℃；最后升温 5 min 至 180℃，保持 30 min。重复 2 次微波程序直至消解完全。消解完成后打开消解盖于赶酸仪器上进行加热，加热至消解管中溶液剩余 1～2 mL 后冷却过滤定容至 25 mL 上机测试。

②土壤/尘样：土壤/尘消解方法参照《土壤和沉积物　金属元素总量的消解 微波消解法》（HJ 832—2017）土壤测试标准测试。

（5）样品分析。

采用电感耦合等离子体质谱仪（ICP-MS，美国安捷伦公司）对处理好的样品溶液中的重金属铅（Pb）、镉（Cd）、铬（Cr）、钪（Sc）、钒（V）、钇（Y）和类金属砷（As）进行测定，其检测限分别为 Pb（0.3 pg/g）、Cd（0.4 pg/g）、Cr（2 pg/g）、Sc（3 pg/g）、V（0.7 pg/g）、Y（0.09 pg/g）和 As（2 pg/g）。

第五节 数据管理与统计分析

一、数据管理

统一数据管理平台。本调查将所有原始数据采集表、图像建库存档，实现了数据管理平台统一。

统一数据管理操作。制定数据管理办法、数据管理规定、信息系统账户及数据使用权限管理规定，对数据采集、编码、录入、传输、核对、质控、维护、加工、存储、备份、恢复、保密、发布和共享等数据管理全过程进行了规范，实现数据管理操作统一。

统一数据采集标准。论证并整合 6 个市（州）数据采集表，形成标准化格式，建立统一的数据字典，实现了数据采集标准统一。

统一数据质量控制。本调查数据管理中心组织昆明理工大学环境科学与工程学院对调研数据及问卷进行审核，实现了数据质量控制标准统一。

二、数据预处理

数据修约。数据按照《数值修约规则与极限数值的表示和判定》（GB/T 8170—2008）进行修约。为便于结果表达，本调查中数据和百分比均保留小数点后 1 位；分析测试结果保留 2 位有效数字，多于 2 位有效数字的以科学记数法表示；同一表格采用同一种数据修约模式。

缺失值处理。本调查统计分析中没有对缺失值进行任何形式的填补，所有统计分析均基于可用数据完成。因此，同一人群不同分析指标的样本量可能有所差异。

离群值处理。参照《环境与健康横断面调查数据统计分析技术指南》，对数据库中的离群值进行处理。当样本数据服从正态分布，依据《数据的统计处理和解释　正态样本离群值的判断和处理》（GB/T 4883—2008）剔除离群值；当样本数据不服从正态分布时，应制作样本数据箱线图（图 1-4），将满足 $X < P_{25} - 1.5\mathrm{IQR}$ 或 $X > P_{75} + 1.5\mathrm{IQR}$ 的观测值 X 定义为离群值，根据实际情况予以剔除。

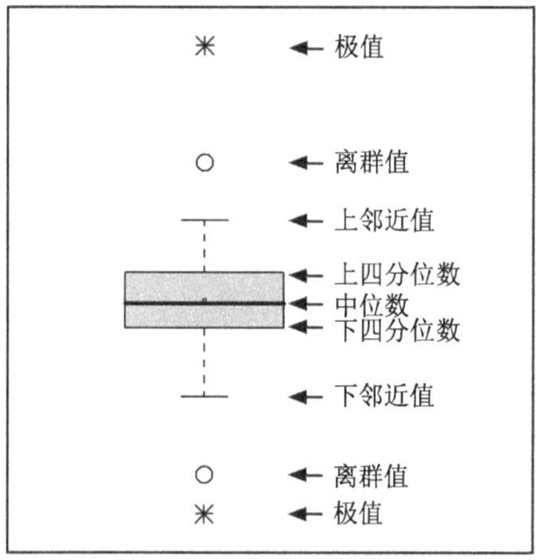

图 1-4　样本数据箱线图

未检出值处理。参照《环境与健康横断面调查数据统计分析技术指南》，未检出值用方法检出限（Limit of Detection，LOD）的 1/2 替代。

三、统计分析策略

根据统计分析结果，分析指标符合偏正态分布，因此《研究报告》中的数值指标未经特殊说明均采用中位数对平均水平进行统计描述。针对计数资料，分析样本例数和相应比率或构成比。

第六节　质量控制与评价

一、质量控制

（一）现场调查前的质量控制

方案修订：参考国内外相关调查方案与问卷，通过多次专家咨询、论证及现场预调查，最终确定调查方案与问卷。

技术培训：针对问卷调查和数据录入分别开展培训。培训均采用省级和学校两级培训方式，由云南省疾病预防控制中心对参与调查的主要成员进行省级技术培训。培训过程中进行实习和现场考核，所有参加调查的组织者、质控员、督导员和调查员必须参加培训且考核合格，方能参加调查工作。

物资准备：为调查成员统一提供调查工作手册、调查问卷、调查所用标准量具（标准杯和标准碗）和测量工具（身高测量计和体重秤）。

预调查：为了验证调查问卷的科学性和操作性，以及影响调查质量的关键技术环节，在现场调查正式开展之前，分别对不同年龄段人群开展预调查，并对预调查中发现的问题进行及时的调整和完善。

（二）现场调查的质量控制

现场督导：制订并实施督导方案，派督导员到各调查点和部分现场实施阶段调查点进行调研、指导。

询问调查：询问调查的质量控制措施包括问卷调查员自查、调查点质量控制员现场复查、督导员抽样核查等，问卷合格率须达 90%以上，漏项率、逻辑错误率和填写不清楚率须低于 10%。

身体测量：身高和体重要求由两名测量员完成，督导员分别抽取一定比例的调查对象进行复核，体重差值不超过 0.2 kg，身高（长）差值不超过 1 cm。

土壤采样：① 准备阶段：应按相关标准的要求，洗净采样材料和工具；应对调查人员进行样品采集、现场处理与保存、样品记录等方法培训；应对调查对象进行土壤/尘样品采集培训。② 调查阶段：样品采集、保存、运输、交接等过程应建立完整的管理程序；样品布点、采集、保管、运输应严格按照相关技术规定；按照《建设用地土壤污染风险管控和修复监测技术导则》（HJ 25.2—2019）要求，同种样品应采集至少一个样品采集平行样。③ 检测阶段：样品前处理和检测应严格按照相关技术规定；按照《土壤和沉积物　12 种金属元素的测定　王水提取-电感耦合等离子体质谱法》（HJ 803—2016）要求，每批次样品至少做 2 个实验室空白试样，至少按 10%的比例进行平行双样测定，至少分析 10%的加标回收样。

（三）现场调查后的质量控制

数据录入：各调查培训合格的数据录入员采用统一的录入软件对数据进行双录入，县

（区）项目工作组负责数据库审核。昆明理工大学预先制订数据审核方案，按调查点对数据库进行核查。

数据清洗与分析：昆明理工大学制订数据清洗与分析方案，分两组独立进行数据清洗和分析。

（四）实验室分析的质量控制

（1）空白样品采用与样品一样的程序处理，每分析批次或 20 个以上样品需测试 1 个空白样品。

（2）每种类型的基体需制备 1 个空白试剂。

（3）每组测试样品或每 20 个样品（实际样品数量更大）需包含 1 个标准物质。

（4）空白样品应使用与样品制备时相同类型、相同剂量的试剂制备，采用相同制备方法，同样品一起处理。

二、评价指标

1. 与环境介质相关的暴露特征

皮肤表面积

$$\mathrm{SA} = 0.012H^{0.6}\mathrm{BW}^{0.45} \tag{1-2}$$

式中：SA——皮肤表面积，m^2；

BW——体重，kg；

H——身高，cm。

2. 手尘暴露特征

手尘暴露量

$$k = V(c_i - c_{i0}) / 1\,000 \tag{1-3}$$

式中：k——手尘各金属浓度，mg/L；

V——体积，25 mL；

c_i——手尘样品中第 i 种金属浓度，mg/L；

c_{i0}——无纺布中第 i 种金属浓度，mg/L。

3. 综合暴露系数

综合暴露系数（EI）为单位质量的介质摄入量与介质暴露几率的乘积，反映人与某环境介质综合暴露行为模式特征的系数（环境保护部，2013a）。按暴露的介质类别可分为饮水综合暴露系数、水经皮肤综合暴露系数、土壤经皮肤综合暴露系数和土壤经口综合暴露系数。各综合暴露系数的计算公式见表 1-4。

表 1-4　各综合暴露系数的计算公式

介质	综合暴露系数	计算公式	定义
水	饮水 [L/（kg·d）]	$\frac{IR_{water}}{BW \times 1\,000} \times \frac{ET}{AT}$	IR_{water}——饮水量，mL/d； ET——暴露时间，d； AT——总暴露时间，d； BW——体重，kg
	水经皮肤 [mL/（kg·d）]	$\frac{SA \times T_{SW} \times 1\,000}{BW \times 1\,440} \times \frac{ET}{AT}$	T_{SW}——与水接触时间，为洗澡和游泳时间之和，min/d； SA——皮肤表面积，m^2
土壤	土壤经皮肤 [mg/（kg·d）]	$\frac{SA \times T_{SS} \times 1\,000}{BW \times 1\,440} \times \frac{ET}{AT}$	T_{SS}——与土壤接触时间，min/d
	土壤经口 [g/（kg·d）]	$\frac{IR_{soil}}{BW \times 1\,000} \times \frac{ET}{AT}$	IR_{soil}——土壤/尘摄入量，mg/d

第二章

调查对象基本情况

第一节　调查对象分布及组成

本次调查获得有效样本 4 709 人，样本的年龄、性别、城乡、地区和民族分布情况与构成比见表 2-1 和表 2-2，调查对象抚养人文化程度构成见表 2-3。

表 2-1　样本的年龄和性别分布情况

年龄	性别		合计	城乡		地区					
				城市	农村	昆明市	曲靖市	普洱市	红河州	丽江市	大理州
合计	小计	人数/人	4 709	2 656	2 053	842	1 051	680	743	718	675
		构成比/%	100	56.4	43.6	17.9	22.3	14.4	15.8	15.3	14.3
	男	人数/人	2 395	1 323	1 072	407	555	334	386	352	361
		构成比/%	100	55.2	44.8	48.3	52.8	49.1	52	49	53.5
	女	人数/人	2 314	1 333	981	435	496	346	357	366	314
		构成比/%	100	57.6	42.4	51.7	47.2	50.9	48	51	46.5
0～5 岁	小计	人数/人	2 049	1 205	844	323	478	333	350	275	290
		构成比/%	100	58.8	41.2	38.4	45.5	49	47.1	38.3	43
	男	人数/人	1 083	629	454	161	262	172	179	135	174
		构成比/%	100	58.1	41.9	49.8	54.8	51.7	51.1	49.1	60
	女	人数/人	966	576	390	162	216	161	171	140	116
		构成比/%	100	59.6	40.4	50.2	45.2	48.3	48.9	50.9	40

年龄	性别		合计	城乡		地区					
				城市	农村	昆明市	曲靖市	普洱市	红河州	丽江市	大理州
6～17岁	小计	人数/人	2 660	1 451	1 209	519	573	347	393	443	385
		构成比/%	100	54.5	45.5	61.6	54.5	51	52.9	61.7	57
	男	人数/人	1 312	694	618	246	293	162	207	217	187
		构成比/%	100	52.9	47.1	47.4	51.1	46.7	52.7	49	48.6
	女	人数/人	1 348	757	591	273	280	185	186	226	198
		构成比/%	100	56.2	43.8	52.6	48.9	53.3	47.3	51	51.4

表 2-2 样本的民族分布情况

单位：人

民族	城乡	总计	0～5岁	6～17岁
合计	城市	2 656	1 205	1 451
	农村	2 053	844	1 209
白族	城市	149	69	80
	农村	179	65	114
哈尼族	城市	70	30	40
	农村	84	37	47
汉族	城市	1 948	870	1 078
	农村	1 218	499	719
纳西族	城市	163	79	84
	农村	206	52	154
彝族	城市	188	84	104
	农村	156	102	54
其他民族	城市	138	73	65
	农村	210	89	121

表 2-3 调查对象抚养人文化程度构成

单位：%

分类		合计	城乡		地区					
			城市	农村	昆明市	曲靖市	普洱市	红河州	丽江市	大理州
父亲	小学及以下	19.8	15.7	25.2	13.3	24.0	21.9	29.9	15.5	12.9
	初中毕业	35.8	30.5	42.6	22.7	40.2	38.2	35.1	37.3	41.8
	高中/中专毕业	20.7	21.9	19.1	21.3	18.6	17.1	19.7	23.1	25.3
	大专毕业	8.3	10.2	5.9	13.5	5.5	8.7	6.6	9.5	6.7
	本科毕业	13.9	19.2	7.0	24.2	11.1	13.5	7.7	13.6	12.7
	研究生及以上	1.5	2.5	0.2	5.0	0.6	0.6	1.0	1.0	0.6

分类		合计	城乡		地区					
			城市	农村	昆明市	曲靖市	普洱市	红河州	丽江市	大理州
母亲	小学及以下	20.7	16.0	26.8	11.9	25.5	23.9	31.6	20.3	9.4
	初中毕业	33.3	30.3	37.2	23	39.5	32.7	32.3	31.3	40.2
	高中/中专毕业	15.8	17.3	13.9	14.1	13.9	17.7	14.1	20.7	15.8
	大专毕业	8.4	9.6	6.9	9.3	5.8	9.5	6.3	13.5	7.1
	本科毕业	11.7	16.7	5.2	21.1	7.8	13.6	9.1	13.6	5.0
	研究生及以上	1.1	1.8	0.1	3.2	0.2	0.7	1.3	0.4	0.7

第二节　身体特征

云南省儿童平均身高为 120.0 cm，其中男性儿童、女性儿童平均身高均为 120.0 cm；儿童平均体重约为 22.0 kg，其中女性儿童平均体重高于男性儿童；皮肤表面积平均为 0.86 m^2，其中女性儿童皮肤表面积高于男性儿童。从年龄分布来看，6～17 岁儿童身高、体重、皮肤表面积均高于 0～5 岁儿童。从城乡分布来看，城市地区儿童体重与皮肤表面均低于农村地区儿童。从地区分布来看，昆明市儿童身高、体重、皮肤表面积均高于其他地区。云南省儿童的身体参数见表 2-4。

表 2-4　云南省儿童的身体参数

		身高/cm			体重/kg			皮肤表面积/m^2		
		合计	男	女	合计	男	女	合计	男	女
合计		120.0	120.0	120.0	22.0	22.0	23.0	0.86	0.84	0.88
年龄	0～5 岁	90.0	91.0	90.0	14.0	14.0	13.0	0.58	0.60	0.57
	6～17 岁	140.0	140.0	141.0	35.0	35.0	35.0	1.15	1.15	1.15
城乡	城市	120.0	115.0	120.0	21.0	20.0	22.0	0.84	0.80	0.86
	农村	120.0	120.0	122.0	24.0	23.0	24.0	0.88	0.87	0.90
地区	昆明	130.0	125.0	130.0	28.0	27.0	28.0	0.98	0.95	0.98
	曲靖	115.0	112.0	118.0	21.0	21.0	21.0	0.82	0.80	0.84
	普洱	116.0	110.0	120.0	20.0	18.5	22.0	0.79	0.74	0.87
	丽江	125.0	125.0	125.0	25.0	25.0	24.0	0.91	0.93	0.90
	红河	112.0	114.0	110.0	20.0	20.0	18.0	0.78	0.79	0.75
	大理	120.0	115.0	130.0	22.0	20.5	25.0	0.87	0.81	0.91

云南省城乡地区不同年龄段儿童身高、体重与皮肤表面积无显著差别。从民族分布来看，在 0～5 岁年龄段，汉族儿童身高最高、彝族儿童身高最低；6～17 岁年龄段中纳西族儿童身高最高，哈尼族、汉族和其他民族儿童身高最低。在 0～5 岁年龄段，汉族和其他民族儿童体重最高，哈尼族儿童体重最低；6～17 岁年龄彝族儿童体重最高，哈尼族和其他民族儿童体重最低。在 0～5 岁年龄段，汉族儿童皮肤表面积最高，哈尼族儿童皮肤表面积最低；6～17 岁年龄纳西族和彝族儿童皮肤表面积均最高，其他民族儿童皮肤表面积最低，云南省各民族儿童的身体参数见表 2-5。

表 2-5　云南省各民族儿童的身体参数

		身高/cm		体重/kg		皮肤表面积/m^2	
		0～5 岁	6～17 岁	0～5 岁	6～17 岁	0～5 岁	6～17 岁
总计	合计	90.0	140.0	14.0	35.0	0.58	1.15
	城市	90.0	140.0	14.0	35.0	0.59	1.15
	农村	90.0	140.0	14.0	35.0	0.58	1.15
白族	合计	90.0	142.0	13.0	35.0	0.57	1.17
	城市	90.0	142.0	12.0	33.0	0.55	1.11
	农村	95.0	142.0	14.2	35.5	0.60	1.17
哈尼族	合计	86.0	140.0	12.5	32.0	0.54	1.09
	城市	80.0	141.5	12.0	37.5	0.51	1.13
	农村	90.0	140.0	13.0	32.0	0.55	1.09
汉族	合计	91.5	140.0	14.0	35.0	0.59	1.14
	城市	92.0	140.0	14.0	35.0	0.60	1.15
	农村	91.0	140.0	14.0	34.5	0.59	1.12
纳西族	合计	90.0	145.0	13.0	37.0	0.55	1.20
	城市	83.0	138.5	12.0	29.5	0.51	1.03
	农村	96.5	150.0	14.0	40.0	0.61	1.26
彝族	合计	88.0	143.0	13.0	39.0	0.57	1.20
	城市	92.0	145.0	13.2	39.5	0.58	1.24
	农村	86.5	140.0	13.0	38.0	0.54	1.17
其他民族	合计	90.0	140.0	14.0	32.0	0.56	1.08
	城市	90.0	142.0	14.0	36.0	0.59	1.18
	农村	90.0	140.0	14.0	30.0	0.54	1.08

第三章

云南省儿童水环境介质相关的暴露特征

第一节 饮水摄入量

饮水暴露参数包括反映人体经口摄入各类水的强度、频率和持续时间。其中，饮水量（Water Intakes，IR）是最重要的饮水暴露参数，对饮用水暴露健康风险评估起着至关重要的作用。饮水量可分为直接饮水量（直接饮用，主要指瓶装水、自来水等不含有其他物质的水）和间接饮水量（通过饮食的摄入，主要指粥、汤等食物和饮料制作过程中所加入的水）。

一、直接饮水量

云南省儿童全年直接饮水量为 781 mL/d，且表现为夏季（1 000 mL/d）＞春秋季（750 mL/d）= 冬季（750 mL/d），男/女性儿童在同一季节直接饮水量相同，但男性儿童全年直接饮水量高于女性儿童。从年龄分布来看，6～17 岁儿童在各季节直接饮水量均高于 0～5 岁儿童。从城乡分布来看，城市地区儿童全年直接饮水量高于农村地区。从地区分布来看，昆明地区儿童各季节直接饮水量最高，普洱地区和红河地区均最低；昆明地区儿童全年直接饮水量最高，红河地区最低（表 3-1）。

表 3-1 不同年龄、城乡和地区儿童的直接饮水量

单位：mL/d

		春秋季直接饮水量			夏季直接饮水量			冬季直接饮水量			全年直接饮水量		
		合计	男	女	合计	男	女	合计	男	女	合计	男	女
合计		750	750	750	1 000	1 000	1 000	750	750	750	781	813	750
年龄	0～5 岁	500	500	750	750	750	750	500	500	500	563	563	531
	6～17 岁	875	1 000	1 250	1 250	1 000	1 000	750	750	750	938	1 000	938
城乡	城市	750	750	1 000	1 000	1 000	1 000	750	750	750	813	813	813
	农村	750	750	1 000	1 000	1 000	1 000	750	750	750	750	750	750
地区	昆明	1 000	1 000	1 250	1 250	1 250	1 250	1 000	875	1 000	1 000	1 000	1 000
	曲靖	750	750	1 000	1 000	1 000	1 000	750	750	500	750	813	750
	普洱	625	500	750	750	750	750	500	500	550	625	563	656
	丽江	750	750	1 250	1 250	1 050	1 050	750	750	750	938	938	903
	红河	500	500	750	750	500	500	500	500	500	563	563	500
	大理	750	750	1 000	1 000	1 000	1 000	750	750	750	750	750	750

云南省各民族 6～17 岁儿童在各季节的直接饮水量均高于 0～5 岁儿童。从民族分布来看，白族儿童冬季直接饮水量最高，哈尼族最低（表 3-2）。

表 3-2 不同年龄和民族儿童全年直接饮水量

单位：mL/d

		春秋季直接饮水量		夏季直接饮水量		冬季直接饮水量		全年直接饮水量	
		0～5 岁	6～17 岁	0～5 岁	6～17 岁	0～5 岁	6～17 岁	0～5 岁	6～17 岁
总计	合计	500	875	750	1 250	500	750	563	938
	城市	500	1 000	750	1 250	500	750	563	1 000
	农村	500	750	625	1 125	500	750	500	938
白族	合计	500	1 000	750	1 250	550	1 000	625	1 000
	城市	500	1 000	750	1 250	500	1 000	594	1 016
	农村	550	750	750	1 000	625	800	625	900
哈尼族	合计	500	750	500	1 000	375	625	438	750
	城市	438	750	375	750	500	750	344	750
	农村	500	750	700	1 000	375	563	500	750
汉族	合计	500	1 000	750	1 250	500	750	563	1 000
	城市	500	1 000	750	1 125	500	750	563	938
	农村	500	1 000	575	1 250	500	875	500	1 000

		春秋季直接饮水量		夏季直接饮水量		冬季直接饮水量		全年直接饮水量	
		0～5 岁	6～17 岁	0～5 岁	6～17 岁	0～5 岁	6～17 岁	0～5 岁	6～17 岁
纳西族	合计	500	1 000	750	1 250	500	750	563	1 000
	城市	500	1 000	750	1 551	500	750	563	1 188
	农村	750	750	750	1 250	500	750	750	1 000
彝族	合计	500	750	625	1 000	500	750	500	1 000
	城市	500	1 000	750	1 250	500	750	563	1 000
	农村	375	750	500	1 000	388	750	422	813
其他民族	合计	500	750	750	1 000	500	750	563	813
	城市	750	1 188	750	1 388	500	1 000	688	1 156
	农村	500	625	625	750	500	500	556	688

二、间接饮水量

云南省儿童间接饮水量为 300 mL/d，且表现为喝粥（300 mL/d）＞冲调水（250 mL/d）。从年龄分布来看，0～5 岁儿童喝冲调水量高于 6～17 岁儿童。从城乡分布来看，城市地区儿童喝冲调水量高于农村地区，但城乡儿童间接饮水量均为 300 mL/d。从地区分布来看，昆明地区儿童喝冲调水量最高，普洱地区最低，红河地区儿童喝粥量最低（表 3-3）。

表 3-3　不同年龄、城乡和地区儿童的间接饮水量

单位：mL/d

		冲调水			喝粥			间接饮水量		
		合计	男	女	合计	男	女	合计	男	女
合计		250	267	250	300	300	300	300	300	300
年龄	0～5 岁	450	450	450	300	300	300	300	300	300
	6～17 岁	200	250	167	300	300	300	300	300	300
城乡	城市	300	300	300	300	300	300	300	300	300
	农村	250	250	250	300	300	300	300	300	300
地区	昆明	500	500	500	300	300	300	500	500	479
	曲靖	250	250	300	300	300	300	300	300	300
	普洱	200	283	158	300	300	300	300	300	300
	丽江	250	250	250	300	300	300	300	300	300
	红河	250	271	250	200	250	200	300	300	275
	大理	250	250	250	300	300	300	300	300	373

云南省各民族儿童随年龄增长喝冲调水量降低，但喝粥量无显著变化，间接饮水量也无显著变化。从城乡分布来看，城市地区儿童喝冲调水量高于农村地区。从民族分布来看，其他民族 0～5 岁儿童喝冲调水量最高，哈尼族和白族 0～5 岁儿童喝冲调水量最低；白族、汉族和纳西族 6～17 岁儿童喝冲调水量最高；哈尼族和其他民族 6～17 岁儿童喝冲调水量最低。彝族 0～5 岁儿童喝粥量最少，各民族 6～17 岁儿童喝粥量均为 300 mL/d。彝族 0～5 岁儿童间接饮水量最低，白族 6～17 岁儿童间接饮水量最高（表 3-4）。

表 3-4　不同年龄和民族儿童间接饮水量

单位：mL/d

		冲调水		喝粥		间接饮水量	
		0～5 岁	6～17 岁	0～5 岁	6～17 岁	0～5 岁	6～17 岁
总计	合计	450	200	300	300	300	300
	城市	473	242	300	300	300	300
	农村	375	200	300	300	300	300
白族	合计	250	250	300	300	300	370
	城市	300	350	300	450	300	450
	农村	250	250	300	300	326	367
哈尼族	合计	250	133	203	300	295	300
	城市	250	133	115	300	245	300
	农村	375	133	300	300	300	300
汉族	合计	473	250	300	300	300	300
	城市	500	250	300	300	300	300
	农村	368	200	300	300	300	333
纳西族	合计	356	250	300	300	300	300
	城市	306	250	300	300	430	300
	农村	813	250	255	300	300	300
彝族	合计	288	150	180	300	273	300
	城市	300	133	240	300	300	300
	农村	250	200	180	300	250	300
其他民族	合计	500	133	300	300	300	300
	城市	500	100	300	450	330	583
	农村	500	133	300	300	300	300

三、全年总饮水量

全年总饮水量是全年直接饮水量与间接饮水量的总和，可直观反映云南省儿童饮水总量。如表 3-5 所示，云南省儿童全年总饮水量为 1 100 mL/d，男性儿童全年总饮水量高于女性儿童。从年龄分布来看，6～17 岁儿童全年总饮水量高于 0～5 岁儿童；从城乡分布来看，城市地区儿童全年总饮水量高于农村地区。

表 3-5 不同年龄、城乡和地区儿童的全年总饮水量

单位：mL/d

		全年总饮水量		
		合计	男	女
合计		1 100	1 113	1 100
年龄	0～5 岁	925	925	893
	6～17 岁	1 300	1 306	1 300
城乡	城市	1 141	1 150	1 125
	农村	1 063	1 063	1 050
地区	昆明	1 500	1 500	1 500
	曲靖	1 063	1 100	1 050
	普洱	988	938	996
	丽江	1 238	1 275	1 213
	红河	800	810	800
	大理	1 100	1 113	1 100

云南省各民族儿童全年总饮水量表现为城市地区高于农村地区。从民族分布来看，纳西族 0～5 岁儿童和汉族 6～17 岁儿童全年总饮水量最高，哈尼族两个年龄段儿童全年总饮水量均最低（表 3-6）。

表 3-6 云南省各民族儿童的全年总饮水量

单位：mL/d

		全年总饮水量	
		0～5 岁	6～17 岁
总计	合计	925	1 300
	城市	988	1 350
	农村	850	1 250

		全年总饮水量	
		0～5 岁	6～17 岁
白族	合计	925	1 300
	城市	988	1 475
	农村	923	1 250
哈尼族	合计	703	1 006
	城市	700	995
	农村	703	1 080
汉族	合计	930	1 338
	城市	990	1 313
	农村	831	1 350
纳西族	合计	981	1 259
	城市	981	1 544
	农村	1 006	1 175
彝族	合计	784	1 236
	城市	813	1 250
	农村	750	1 168
其他民族	合计	923	1 181
	城市	1 025	1 700
	农村	823	856

第二节　水暴露类型

本调查将水暴露类型划分为安全饮水类型和不安全饮水类型，其中安全饮水类型指接触自来水、桶/瓶装水；不安全饮水类型指其他水资源接触，包括井水、泉水等。

一、饮水特征

云南省儿童安全饮水比例为 94.9%，其中女性儿童安全/不安全饮水占比均高于男性儿童。从年龄分布来看，6～17 岁儿童安全饮水占比高于 0～5 岁儿童。从城乡分布来看，农村地区儿童安全饮水占比高于城市地区。从地区分布来看，大理地区儿童安全饮水占比最高，红河地区儿童不安全饮水占比最高（表 3-7）。

表 3-7　不同年龄、城乡和地区儿童的安全/不安全饮水构成情况

单位：%

		安全饮水			不安全饮水		
		合计	男	女	合计	男	女
合计		94.9	43.3	51.6	5.0	2.0	3.0
年龄	0～5 岁	87.3	37.4	49.9	12.8	3.8	9.0
	6～17 岁	90.7	43.0	47.7	9.4	3.4	6.0
城乡	城市	90.5	34.6	55.9	9.5	1.7	7.8
	农村	97.1	40.0	57.1	2.9	2.9	0.0
地区	昆明	92.9	42.9	50.0	7.2	1.2	6.0
	曲靖	95.1	42.7	52.4	4.9	2.0	2.9
	普洱	91.9	38.5	53.4	8.1	2.5	5.6
	丽江	94.5	45.4	49.1	5.6	3.1	2.5
	红河	51.9	16.0	35.9	48.0	9.2	38.8
	大理	96.3	51.4	44.9	3.6	1.4	2.2

云南省各民族儿童整体表现为城市地区儿童安全饮水占比高于农村地区，且 6～17 岁儿童暴露于安全/不安全饮水占比均高于 0～5 岁儿童。从民族分布来看，彝族 0～5 岁儿童安全饮水占比最高；哈尼族 6～17 岁儿童安全饮水占比最高，纳西族 0～5 岁和 6～17 岁儿童不安全饮水占比最高（表 3-8）。

表 3-8　不同年龄、城乡和民族儿童的安全/不安全饮水构成情况

单位：%

		安全饮水		不安全饮水	
		0～5 岁	6～17 岁	0～5 岁	6～17 岁
总计	合计	40.7	50.9	2.8	5.6
	城市	43.3	51.6	2.0	3.0
	农村	37.4	49.9	3.8	9.0
白族	合计	38.4	52.1	2.4	7.0
	城市	43.0	47.7	3.4	6.0
	农村	34.6	55.9	1.7	7.8
哈尼族	合计	41.6	53.2	1.9	3.2
	城市	40.0	57.1	2.9	0.0
	农村	42.9	50.0	1.2	6.0
汉族	合计	41.1	52.8	2.1	3.9
	城市	42.7	52.4	2.0	2.9
	农村	38.5	53.4	2.5	5.6

		安全饮水		不安全饮水	
		0～5 岁	6～17 岁	0～5 岁	6～17 岁
纳西族	合计	29.0	41.7	6.5	22.8
	城市	45.4	49.1	3.1	2.5
	农村	16.0	35.9	9.2	38.8
彝族	合计	50.6	43.3	3.5	2.6
	城市	43.6	51.6	1.1	3.7
	农村	59.0	33.3	6.4	1.3
其他民族	合计	42.0	48.0	4.6	5.5
	城市	51.4	44.9	1.4	2.2
	农村	35.7	50.0	6.7	7.6

云南省不同年龄、城乡和地区儿童饮水类型构成情况如表 3-9 所示，由于自来水、瓶/桶装水、井水和泉水是主要饮用水类型，总占比超 95%，在此仅呈现这 4 种饮水类型占比。云南省儿童饮水以瓶/桶装水和自来水为主，较少儿童饮用井水和泉水。饮水类型与年龄分布无关。从城乡分布来看，城市地区儿童饮用瓶/桶装水占比高于农村地区。从地区分布来看，普洱地区儿童饮用自来水占比最高，而红河地区儿童饮用瓶/桶装水占比最高，曲靖地区儿童饮用井水占比最高，丽江地区儿童饮用泉水占比最高。

表 3-9　不同年龄、城乡和地区儿童的饮水类型构成情况

单位：%

		自来水		瓶/桶装水		井水		泉水	
		男	女	男	女	男	女	男	女
合计		14.8	14.3	31.6	30.8	2.0	1.7	2.3	2.3
年龄	0～5 岁	14.9	14.2	34.1	30.5	2.0	1.2	1.8	1.3
	6～17 岁	14.8	14.4	29.7	31.1	2.0	2.2	2.7	3.0
城乡	城市	13.6	14.6	33.4	33.4	1.6	1.1	1.2	1.1
	农村	16.4	13.9	29.4	27.5	2.5	2.5	3.8	3.8
地区	昆明	12.1	11.8	34.0	37.5	1.9	1.7	0.2	0.6
	曲靖	15.4	13.6	31.2	28.9	4.7	3.4	1.4	1.2
	丽江	20.2	22.3	19.8	18.2	0.3	0.6	8.8	9.9
	普洱	24.1	19.1	22.1	28.8	1.9	2.2	1.0	0.7
	红河	8.5	9.8	42.5	37.6	0.7	0.3	0.3	0.4
	大理	9.3	10.1	39.7	33.3	1.3	1.6	3.0	1.5

云南省不同年龄和民族儿童饮水类型构成情况如表 3-10 所示，以瓶/桶装水、自来水为主要饮水类型，且 6～17 岁儿童占比高于 0～5 岁儿童。从各民族分布来看，彝族 0～5 岁儿童饮用自来水和瓶/桶装水占比最高，哈尼族 6～17 岁儿童饮用自来水占比最高，纳西族儿童饮用泉水占比最高。

表 3-10 不同年龄和民族儿童的饮水类型构成情况

单位：%

		自来水		瓶/桶装水		井水		泉水	
		0～5 岁	6～17 岁	0～5 岁	6～17 岁	0～5 岁	6～17 岁	0～5 岁	6～17 岁
总计	合计	12.6	16.5	28.1	34.4	1.4	2.4	1.4	3.2
	城市	13.3	14.9	30.0	36.7	1.1	1.7	1.0	1.3
	农村	11.8	18.6	25.6	31.3	1.8	3.3	1.9	5.7
白族	合计	12.2	21.0	26.2	31.1	1.2	3.0	1.2	4.0
	城市	12.1	11.4	30.9	36.2	1.3	2.7	2.0	3.4
	农村	12.3	29.1	22.3	26.8	1.1	3.4	0.6	4.5
哈尼族	合计	16.9	32.5	24.7	20.8	1.9	2.6	0.0	0.6
	城市	8.6	27.1	31.4	30.0	2.9	0.0	0.0	0.0
	农村	23.8	36.9	19.0	13.1	1.2	4.8	0.0	1.2
汉族	合计	11.2	14.9	29.9	37.9	1.2	2.4	0.9	1.5
	城市	11.8	13.8	30.9	38.6	1.1	1.6	0.9	1.2
	农村	10.2	16.7	28.3	36.7	1.4	3.5	1.0	2.1
纳西族	合计	17.3	19.8	11.7	22.0	0.0	0.8	6.5	22.0
	城市	28.2	18.4	17.2	30.7	0.0	1.2	3.1	1.2
	农村	8.7	20.9	7.3	15.0	0.0	0.5	9.2	38.3
彝族	合计	18.0	15.7	32.6	27.6	2.9	2.0	0.3	0.6
	城市	13.8	18.1	29.8	33.5	1.1	2.7	0.0	1.1
	农村	23.1	12.8	35.9	20.5	5.1	1.3	0.6	0.0
其他民族	合计	14.1	16.7	27.9	31.3	2.9	3.4	1.7	1.7
	城市	19.6	19.6	31.9	25.4	0.7	0.7	0.7	1.4
	农村	10.5	14.8	25.2	35.2	4.3	5.2	2.4	1.9

二、用水特征

（一）用水类型

云南省不同年龄、城乡和地区儿童用水类型构成情况如表 3-11 所示，由于自来水、井水、地表水和泉水是主要用水类型，总占比超 95%，在此仅呈现这 4 种用水类型占比。云南省儿童用水以自来水为主，少部分儿童用水类型为井水、地表水和泉水。从年龄分布来看，0～5 岁儿童用水类型为地表水和泉水的占比均低于 6～17 岁儿童。从城乡分布来看，城市地区儿童使用自来水和地表水占比高于农村地区，农村地区儿童使用井水和泉水占比高于城市地区。从地区分布来看，丽江地区儿童使用自来水占比最低，而使用泉水和地表水占比最高。

表 3-11 不同年龄、城乡和地区儿童的用水类型构成情况

单位：%

		自来水		井水		地表水		泉水	
		男	女	男	女	男	女	男	女
合计		45.4	43.9	3.0	2.4	0.8	0.7	1.7	2.1
年龄	0～5 岁	48.0	43.9	3.2	1.8	0.3	0.3	1.4	1.2
	6～17 岁	43.4	44.0	2.8	2.9	1.2	1.1	2.0	2.7
城乡	城市	46.2	47.0	2.0	1.7	0.9	0.8	0.6	0.8
	农村	44.3	40.0	4.2	3.3	0.6	0.7	3.1	3.8
地区	昆明	46.1	49.3	2.0	1.9	0.1	0.1	0.1	0.4
	曲靖	47.4	42.7	4.4	2.9	0.4	0.4	0.7	1.1
	丽江	36.4	37.3	1.3	1.7	2.4	1.4	9.1	10.6
	普洱	47.5	48.7	1.2	1.8	0.1	0.3	0.3	0.1
	红河	47.6	44.7	3.0	1.3	1.2	2.0	0.1	0.0
	大理	46.4	40.6	5.6	4.7	0.7	0.3	0.7	0.9

云南省不同年龄和民族儿童用水类型构成情况如表 3-12 所示，整体表现为儿童用水以自来水为主要类型，井水、泉水和地表水其次。从各民族分布来看，白族 0～5 岁儿童使用井水占比最高，其他民族 6～17 岁儿童使用井水占比最高，纳西族儿童使用泉水占比最高。

表 3-12　不同年龄和民族儿童的用水类型构成情况

单位：%

		自来水		井水		地表水		泉水	
		0～5 岁	6～17 岁	0～5 岁	6～17 岁	0～5 岁	6～17 岁	0～5 岁	6～17 岁
总计	合计	40.0	49.4	2.2	3.2	0.3	1.3	1.1	2.7
	城市	43.3	49.9	1.2	2.6	0.2	1.5	0.7	0.7
	农村	35.6	48.7	3.5	4.0	0.3	1.0	1.7	5.2
白族	合计	34.5	53.4	4.9	4.0	0.0	0.3	1.5	1.5
	城市	44.3	49.7	0.7	3.4	0.0	0.0	1.3	0.7
	农村	26.3	56.4	8.4	4.5	0.0	0.6	1.7	2.2
哈尼族	合计	42.9	53.9	0.6	1.9	0.0	0.0	0.0	0.6
	城市	41.4	57.1	1.4	0.0	0.0	0.0	0.0	0.0
	农村	44.0	51.2	0.0	3.6	0.0	0.0	0.0	1.2
汉族	合计	40.6	51.1	1.9	3.3	0.3	1.5	0.5	0.9
	城市	42.7	50.6	1.2	2.8	0.3	1.4	0.5	0.6
	农村	37.2	52.1	3.0	3.9	0.2	1.6	0.5	1.5
纳西族	合计	26.8	38.2	1.1	1.6	0.0	1.6	7.6	23.0
	城市	42.9	42.9	1.2	1.8	0.0	3.7	4.3	3.1
	农村	14.1	34.5	1.0	1.5	0.0	0.0	10.2	38.8
彝族	合计	50.9	42.7	2.3	2.3	0.9	0.6	0.0	0.3
	城市	43.6	52.7	1.1	1.1	0.0	1.1	0.0	0.5
	农村	59.6	30.8	3.8	3.8	1.9	0.0	0.0	0.0
其他民族	合计	41.4	45.7	3.4	5.2	0.3	1.1	1.4	1.4
	城市	52.2	41.3	0.7	2.2	0.0	2.9	0.0	0.7
	农村	34.3	48.6	5.2	7.1	0.5	0.0	2.4	1.9

（二）洗澡特征

云南省儿童在公共浴室、家和河/池洗澡占比分别为 2.7%、97.2%和 0.1%；所有儿童均以家为主要洗澡地点。从年龄分布来看，6～17 岁儿童在公共浴室和河/池洗澡占比高于 0～5 岁儿童。从城乡分布来看，农村地区儿童在公共浴室洗澡占比高于城市地区，城市地区儿童在家洗澡占比高于农村地区。从地区分布来看，大理地区儿童在公共浴室洗澡占比最高，曲靖地区儿童在家洗澡占比最高。云南省不同年龄、城乡和地区儿童洗澡场所暴露类型构成情况见表 3-13。

表 3-13 不同年龄、城乡和地区儿童的洗澡场所暴露类型构成情况

单位：%

		公共浴室		家		河/池	
		男	女	男	女	男	女
合计		1.4	1.3	49.4	47.8	0.1	0.0
年龄	0～5 岁	1.0	0.8	51.8	46.4	0.0	0.0
	6～17 岁	1.7	1.7	47.6	48.8	0.1	0.1
城乡	城市	0.5	0.7	49.2	49.4	0.1	0.0
	农村	2.5	2.1	49.7	45.6	0.0	0.0
地区	昆明	1.3	1.4	46.8	50.2	0.2	0.0
	曲靖	0.3	0.2	52.3	46.9	0.1	0.0
	丽江	0.8	1.0	48.2	49.9	0.0	0.1
	普洱	0.1	0.1	49.0	50.7	0.0	0.0
	红河	0.3	0.3	51.7	47.6	0.0	0.0
	大理	6.1	5.5	47.4	40.9	0.0	0.1

云南省不同年龄和民族儿童洗澡场所暴露类型构成情况如表 3-14 所示，儿童洗澡主要场所是家，其次是公共浴室，农村地区儿童在公共浴室洗澡占比高于城市地区。从民族分布来看，白族儿童在公共浴室洗澡占比最高。

表 3-14 不同年龄和民族儿童的洗澡场所暴露类型构成情况

单位：%

		公共浴室		家		河/池	
		0～5 岁	6～17 岁	0～5 岁	6～17 岁	0～5 岁	6～17 岁
总计	合计	0.8	1.9	42.7	54.4	0.0	0.1
	城市	0.5	0.7	44.8	53.8	0.0	0.1
	农村	1.1	3.5	40.0	55.3	0.0	0.0
白族	合计	2.4	9.1	38.4	49.7	0.0	0.3
	城市	0.7	1.3	45.6	52.3	0.0	0.0
	农村	3.9	15.6	32.4	47.5	0.0	0.6
哈尼族	合计	0.0	0.6	43.5	55.8	0.0	0.0
	城市	0.0	0.0	42.9	57.1	0.0	0.0
	农村	0.0	1.2	44.0	54.8	0.0	0.0
汉族	合计	0.6	1.4	42.6	55.3	0.0	0.1
	城市	0.4	0.6	44.3	54.6	0.1	0.1
	农村	0.9	2.5	40.1	56.3	0.0	0.0

		公共浴室		家		河/池	
		0～5 岁	6～17 岁	0～5 岁	6～17 岁	0～5 岁	6～17 岁
纳西族	合计	1.1	1.9	34.4	62.3	0.0	0.3
	城市	1.8	1.2	46.6	49.7	0.0	0.6
	农村	0.5	2.4	24.8	72.3	0.0	0.0
其他民族	合计	0.3	1.1	46.3	52.0	0.0	0.0
	城市	0.0	1.4	52.9	44.9	0.0	0.0
	农村	0.5	1.0	41.9	56.7	0.0	0.0
彝族	合计	1.5	1.2	52.6	44.8	0.0	0.0
	城市	1.1	0.0	43.6	55.3	0.0	0.0
	农村	1.9	2.6	63.5	32.1	0.0	0.0

（三）游泳特征

云南省儿童游泳人数占比为 21.2%，其中男性儿童占比 11.0%，女性儿童占比 10.3%。从年龄分布来看，0～5 岁儿童游泳人数占比高于 6～17 岁儿童。从城乡分布来看，城市地区儿童游泳人数占比高于农村地区。从地区分布来看，红河地区儿童游泳人数占比最高，曲靖地区儿童游泳人数占比最低。云南省不同年龄、城乡和地区儿童游泳人数构成情况见表 3-15。

表 3-15　不同年龄、城乡和地区儿童的游泳人数构成情况

单位：%

		游泳人数占比		
		合计	男	女
合计		21.2	11.0	10.3
年龄	0～5 岁	25.6	13.6	12.1
	6～17 岁	17.8	8.9	8.9
城乡	城市	24.4	11.9	12.5
	农村	17.1	9.7	7.4
地区	昆明	20.1	9.0	11.0
	曲靖	14.8	7.0	7.8
	丽江	23.4	13.1	10.3
	普洱	18.7	10.8	7.9
	红河	34.4	17.2	17.2
	大理	19.7	11.1	8.6

云南省不同年龄和民族儿童游泳人数构成情况如表 3-16 所示，整体表现为城市地区儿童游泳人数占比高于农村地区，其中城市地区 0～5 岁儿童游泳人数占比高于 6～17 岁儿童，而农村地区 0～5 岁儿童游泳人数占比则低于 6～17 岁儿童。从民族分布来看，纳西族不同年龄段儿童游泳人数占比最高，汉族 0～5 岁儿童和彝族 6～17 岁儿童游泳人数占比最低。

表 3-16　不同年龄和民族儿童的游泳人数构成情况

单位：%

		游泳人数占比	
		0～5 岁	6～17 岁
总计	合计	11.1	10.1
	城市	13.5	10.9
	农村	8.1	9.0
白族	合计	11.0	8.5
	城市	15.4	12.8
	农村	7.3	5.0
哈尼族	合计	11.0	12.3
	城市	15.7	12.9
	农村	7.1	11.9
汉族	合计	10.8	9.5
	城市	12.7	10.3
	农村	7.9	8.3
纳西族	合计	13.3	13.8
	城市	18.4	12.3
	农村	9.2	15.0
彝族	合计	12.2	8.4
	城市	11.2	11.2
	农村	13.5	5.1
其他民族	合计	10.9	13.2
	城市	18.8	15.2
	农村	5.7	11.9

云南省不同年龄、城乡和地区儿童游泳场所类型构成情况如表 3-17 所示，其中儿童游泳馆和普通游泳馆是游泳的主要场所，从年龄分布来看，0～5 岁儿童在家、儿童游泳馆游泳占比高于 6～17 岁儿童，而 6～17 岁儿童在普通游泳馆和河/池游泳占比高于 0～5 岁儿童。从城乡分布来看，农村地区儿童在家和河/池游泳占比均高于城市地区，而城市地区儿

童在儿童游泳馆游泳占比高于农村地区。从地区分布来看，曲靖地区儿童在儿童游泳馆游泳占比最高，普洱地区儿童在普通游泳馆和河/池游泳占比最高。

表 3-17　不同年龄、城乡和地区儿童的游泳场所类型构成情况

单位：%

		家		儿童游泳馆		普通游泳馆		河/池	
		男	女	男	女	男	女	男	女
合计		2.2	2.1	25.2	25.1	20.5	19.8	3.5	1.0
年龄	0～5 岁	3.0	2.5	35.6	34.5	12.8	10.1	1.5	0.0
	6～17 岁	1.3	1.7	13.7	14.8	29.1	30.6	5.7	2.1
城乡	城市	1.7	1.9	25.9	26.5	18.8	21.9	2.2	0.9
	农村	3.1	2.6	23.9	22.5	23.6	16.0	6.0	1.1
地区	昆明	1.2	3.0	27.2	29.0	16.0	22.5	0.6	0.6
	曲靖	1.9	0.6	30.8	31.4	11.5	20.5	3.2	0.0
	丽江	3.0	3.6	28.6	26.2	20.8	12.5	3.6	1.8
	普洱	2.6	3.0	15.4	19.7	25.6	23.9	5.6	2.1
	红河	1.4	0.0	25.9	27.3	27.3	15.1	2.9	0.0
	大理	3.0	1.5	28.6	18.8	20.3	22.6	4.5	0.8

注：表 3-17 指具有游泳行为儿童的场所暴露。

云南省不同年龄和民族儿童游泳场所类型构成情况如表 3-18 所示，儿童游泳主要场所为游泳馆，0～5 岁儿童在家和儿童游泳馆游泳占比高于 6～17 岁儿童，6～17 岁儿童在普通游泳馆游泳占比高于 0～5 岁儿童。从民族分布来看，彝族儿童在儿童游泳馆游泳占比最高，纳西族儿童在家占比最高。

表 3-18　不同年龄和民族儿童的游泳场所类型构成情况

单位：%

		家		儿童游泳馆		普通游泳馆		河/池	
		0～5 岁	6～17 岁	0～5 岁	6～17 岁	0～5 岁	6～17 岁	0～5 岁	6～17 岁
总计	合计	2.9	1.4	36.8	13.5	12.0	28.3	0.8	3.7
	城市	2.6	0.9	40.4	12.0	11.7	29.0	0.5	2.6
	农村	3.4	2.3	30.2	16.2	12.5	27.1	1.4	5.7
白族	合计	1.6	1.6	39.1	14.1	15.6	26.6	0.0	1.6
	城市	2.4	0.0	38.1	14.3	14.3	28.6	0.0	2.4
	农村	0.0	4.5	40.9	13.6	18.2	22.7	0.0	0.0

		家		儿童游泳馆		普通游泳馆		河/池	
		0～5 岁	6～17 岁	0～5 岁	6～17 岁	0～5 岁	6～17 岁	0～5 岁	6～17 岁
哈尼族	合计	5.6	0.0	30.6	8.3	11.1	25.0	0.0	13.9
	城市	10.0	0.0	35.0	10.0	10.0	30.0	0.0	5.0
	农村	0.0	0.0	25.0	6.3	12.5	18.8	0.0	25.0
汉族	合计	2.6	0.8	37.0	14.3	12.4	29.5	1.2	2.0
	城市	2.5	0.7	40.5	13.0	11.6	29.8	0.7	1.3
	农村	3.0	1.0	28.9	17.3	14.2	28.9	2.5	3.6
纳西族	合计	5.0	3.0	40.0	16.0	4.0	27.0	0.0	5.0
	城市	2.0	4.0	54.0	2.0	4.0	28.0	0.0	6.0
	农村	8.0	2.0	26.0	30.0	4.0	26.0	0.0	4.0
彝族	合计	4.2	0.0	39.4	18.3	15.5	15.5	0.0	4.2
	城市	2.4	0.0	35.7	21.4	11.9	21.4	0.0	4.8
	农村	6.9	0.0	44.8	13.8	20.7	6.9	0.0	3.4
其他民族	合计	1.2	6.0	31.0	2.4	13.1	34.5	0.0	11.9
	城市	2.1	2.1	34.0	4.3	19.1	29.8	0.0	8.5
	农村	0.0	10.8	27.0	0.0	5.4	40.5	0.0	16.2

注：表 3-18 指具有游泳行为儿童的场所暴露。

第三节　水暴露时间

水暴露时间主要是指暴露人群身体各部位与水直接接触的活动时间，如洗澡和游泳时间等。其中，洗澡和游泳时间是指洗澡或游泳时与水直接接触的累计时间，不包括穿脱衣服等各种准备时间。

一、洗澡时间

云南省儿童洗澡时间在春秋季、夏季、冬季分别为 6.7 min/d、8.3 min/d、5.0 min/d，全年平均洗澡时间为 7.1 min/d，其中女性儿童洗澡时间长于男性儿童。从年龄分布来看，0～5 岁儿童在春秋和夏季洗澡时间长于 6～17 岁儿童，6～17 岁儿童在冬季和全年日均洗澡时间长于 0～5 岁儿童。从城乡分布来看，城市地区儿童与农村地区儿童在各季节洗澡时间无显著差别。从地区分布来看，丽江地区全年儿童洗澡时间最长（表 3-19）。

表 3-19　不同年龄、城乡和地区儿童的洗澡时间

单位：min/d

		春秋季			夏季			冬季			全年		
		合计	男	女	合计	男	女	合计	男	女	合计	男	女
总计		6.7	6.6	7.5	8.3	8.0	10.0	5.0	5.0	5.3	7.1	6.7	7.6
年龄	0～5 岁	7.5	7.5	7.5	10.0	10.0	10.0	5.0	5.0	5.3	7.6	7.5	7.9
	6～17 岁	6.0	5.3	6.7	8.0	8.0	9.2	5.0	4.0	5.8	6.8	6.3	7.5
城乡	城市	6.7	6.7	7.3	9.0	8.0	10.0	5.0	5.0	5.3	7.1	6.8	7.6
	农村	6.7	6.0	7.5	8.0	8.0	8.6	5.0	5.0	5.8	7.1	6.7	7.7
地区	昆明	6.7	6.7	6.7	9.0	8.8	9.3	5.0	5.0	5.3	7.5	7.5	7.7
	曲靖	5.0	5.0	5.0	5.3	5.2	6.0	4.0	4.0	4.0	5.0	4.8	5.0
	丽江	13.3	12.0	15.0	15.0	15.0	15.0	10.0	8.3	10.0	13.1	11.9	13.3
	普洱	5.0	4.0	5.0	6.7	6.0	7.3	4.0	4.0	4.2	5.3	5.0	5.5
	红河	7.5	7.5	7.5	10.0	10.0	8.7	6.0	6.7	5.3	7.8	7.8	7.6
	大理	7.5	6.7	8.0	10.0	8.0	10.0	6.2	5.3	7.0	8.0	6.9	9.7

云南省不同年龄和民族儿童在不同季节洗澡时间如表 3-20 所示，洗澡时间分布呈现夏季＞春秋季＞冬季，且 0～5 岁儿童洗澡时间普遍长于 6～17 岁儿童。从民族分布来看，在不同季节下，哈尼族儿童洗澡时间最长，纳西族儿童洗澡时间最短。

表 3-20　不同年龄和民族儿童的洗澡时间

单位：min/d

		春秋季		夏季		冬季		全年	
		0～5 岁	6～17 岁	0～5 岁	6～17 岁	0～5 岁	6～17 岁	0～5 岁	6～17 岁
总计	合计	7.5	6.0	10.0	8.0	5.0	5.0	7.6	6.8
	城市	7.5	6.0	10.0	8.0	5.0	5.0	7.7	6.7
	农村	7.5	6.0	8.3	8.0	5.0	5.0	7.5	6.8
白族	合计	6.7	6.7	8.0	8.3	5.3	5.0	7.0	7.3
	城市	8.0	8.0	10.0	10.0	6.7	6.2	8.0	8.0
	农村	4.5	6.0	5.3	8.0	4.3	4.3	4.9	6.8
哈尼族	合计	10.0	10.0	12.0	10.0	8.4	7.5	10.0	9.7
	城市	10.0	9.0	10.0	10.0	8.0	7.3	10.0	8.6
	农村	13.3	10.0	15.0	15.0	10.0	7.5	12.9	10.4

		春秋季		夏季		冬季		全年	
		0～5 岁	6～17 岁	0～5 岁	6～17 岁	0～5 岁	6～17 岁	0～5 岁	6～17 岁
汉族	合计	7.3	6.0	9.0	8.0	5.0	5.0	7.3	6.8
	城市	7.5	6.0	10.0	8.0	5.0	5.0	7.2	6.7
	农村	6.7	6.7	8.0	8.2	5.0	5.0	7.3	7.1
纳西族	合计	5.3	4.0	8.0	4.0	4.0	4.0	6.2	4.3
	城市	5.7	4.7	10.0	5.3	4.6	4.0	7.0	5.0
	农村	4.1	4.0	6.8	4.0	4.0	4.0	5.5	4.0
彝族	合计	8.0	8.0	10.0	10.0	6.7	6.0	8.5	8.5
	城市	10.0	7.5	10.0	10.0	7.5	5.3	10.0	8.0
	农村	7.7	8.5	8.0	13.0	5.3	6.7	7.8	9.9
其他民族	合计	10.0	8.0	10.0	10.0	7.5	5.7	9.4	8.2
	城市	8.0	6.0	10.7	9.2	7.1	4.0	9.3	7.7
	农村	10.0	8.0	10.0	10.0	7.8	7.5	10.0	8.4

二、游泳时间

云南省儿童游泳时间在春秋季、夏季、冬季分别为 120 min/月、120 min/月、80 min/月，全年平均游泳时间为 57.5 min/月。从年龄分布来看，0～5 岁儿童游泳时间低于 6～17 岁儿童。从城乡分布来看，城市地区儿童游泳时间长于农村地区。从地区分布来看，昆明地区各年龄段儿童在夏季游泳时间最长，而普洱地区各年龄段儿童在春秋季和冬季游泳时间最长（表 3-21）。

表 3-21　不同年龄、城乡和地区儿童游泳时间

单位：min/月

		春秋季			夏季			冬季			全年		
		合计	男	女	合计	男	女	合计	男	女	合计	男	女
总计		120.0	120.0	120.0	120.0	120.0	120.0	80.0	80.0	80.0	57.5	60.0	53.8
年龄	0～5 岁	80.0	60.0	80.0	90.0	90.0	90.0	60.0	60.0	60.0	40.0	40.0	40.0
	6～17 岁	150.0	150.0	150.0	167.5	180.0	150.0	120.0	120.0	110.0	75.0	90.0	72.5
城乡	城市	120.0	120.0	120.0	120.0	120.0	120.0	80.0	90.0	80.0	60.0	60.0	60.0
	农村	90.0	105.0	90.0	120.0	120.0	100.0	62.0	62.0	62.0	45.5	57.5	42.5
地区	昆明	120.0	120.0	160.0	240.0	240.0	240.0	90.0	105.0	85.0	80.0	90.0	63.0
	曲靖	85.0	60.0	120.0	85.0	60.0	90.0	60.0	60.0	60.0	45.0	45.0	43.5

		春秋季			夏季			冬季			全年		
		合计	男	女	合计	男	女	合计	男	女	合计	男	女
地区	普洱	150.0	200.0	150.0	130.0	150.0	120.0	112.5	120.0	95.0	50.0	50.0	50.5
	丽江	90.0	120.0	90.0	90.0	120.0	90.0	80.0	90.0	80.0	45.0	45.0	45.5
	红河	80.0	75.0	80.0	105.0	120.0	90.0	60.0	75.0	60.0	40.0	40.0	38.8
	大理	100.0	80.0	120.0	120.0	95.0	120.0	80.0	60.0	85.0	65.0	60.0	80.0

注：表 3-21 指具有游泳行为儿童的游泳时间。

云南省不同年龄和民族儿童游泳时间如表 3-22 所示，各民族儿童游泳时间分布呈现夏季＞春秋季＞冬季，且 6～17 岁儿童游泳时间普遍高于 0～5 岁儿童。从民族分布来看，汉族各年龄段儿童全年平均游泳时间最长。

表 3-22　不同年龄和民族儿童游泳时间

单位：min/d

		春秋季		夏季		冬季		全年	
		0～5 岁	6～17 岁	0～5 岁	6～17 岁	0～5 岁	6～17 岁	0～5 岁	6～17 岁
总计	合计	80.0	150.0	90.0	167.5	60.0	120.0	40.0	75.0
	城市	80.0	180.0	90.0	180.0	60.0	120.0	42.0	90.0
	农村	60.0	120.0	80.0	120.0	60.0	120.0	37.5	60.0
白族	合计	60.0	80.0	80.0	120.0	52.5	60.0	40.0	75.0
	城市	70.0	80.0	80.0	120.0	60.0	70.0	40.0	60.0
	农村	60.0	90.0	45.0	120.0	40.0	60.0	45.0	75.0
哈尼族	合计	360.0	120.0	60.0	180.0	105.0	90.0	15.0	112.5
	城市	120.0	300.0	60.0	270.0	105.0	130.0	15.0	150.0
	农村	600.0	120.0	127.5	155.0	—	90.0	11.3	101.3
汉族	合计	80.0	180.0	90.0	180.0	60.0	120.0	45.0	90.0
	城市	90.0	240.0	100.0	240.0	60.0	180.0	45.0	90.0
	农村	70.0	120.0	80.0	120.0	60.0	120.0	40.0	60.0
纳西族	合计	50.0	180.0	85.0	178.0	60.0	120.0	30.0	86.3
	城市	60.0	80.0	112.5	120.0	60.0	45.0	35.0	45.0
	农村	40.0	225.0	60.0	240.0	60.0	210.0	30.0	157.5
彝族	合计	60.0	80.0	60.0	150.0	60.0	75.0	39.4	72.5
	城市	60.0	115.0	60.0	130.0	60.0	75.0	30.0	66.3
	农村	60.0	60.0	90.0	195.0	50.0	135.0	50.0	75.0
其他民族	合计	120.0	120.0	120.0	120.0	60.0	120.0	47.3	53.3
	城市	70.0	127.5	110.0	127.5	60.0	110.0	47.3	80.6
	农村	120.0	60.0	150.0	90.0	60.0	180.0	48.8	37.5

注：指具有游泳行为儿童的游泳时间。

第四节　综合分析

一、云南省儿童环境暴露参数与我国、美国儿童存在显著差异

对比《中国人群环境暴露行为模式研究报告（儿童卷）》和《美国儿童暴露手册》（USEPA，2008），云南省儿童的综合暴露系数、身体特征、摄入量及暴露时间与我国、美国同年龄段儿童存在明显差异（表 3-23）。云南省儿童饮水综合暴露系数与我国儿童饮水综合暴露系数差别较小，但是美国同龄儿童的 3.5～4 倍；云南省儿童水经皮肤综合暴露系数分别是我国、美国同年龄阶段儿童的 0.55～0.36 倍和 0.30～0.44 倍。

表 3-23　云南省各民族儿童综合暴露系数与我国、美国儿童的对比情况

分类		地区	年龄	
			0～5 岁	6～17 岁
综合暴露系数	饮水综合暴露系数	云南省	0.07	0.04
		白族	0.07	0.04
		哈尼族	0.06	0.03
		汉族	0.07	0.04
		纳西族	0.08	0.03
		彝族	0.06	0.03
		其他民族	0.07	0.04
		中国	0.06	0.04
		美国	0.02	0.01
	水经皮肤综合暴露系数	云南省	1.37	1.87
		白族	1.37	1.55
		哈尼族	0.75	2.89
		汉族	1.53	2.19
		纳西族	1.06	2.04
		彝族	1.46	1.73
		其他民族	1.58	1.44
		中国	2.49	5.15
		美国	4.26	4.24

分类		地区	年龄	
			0～5 岁	6～17 岁
身体特征	体重/kg	云南省	14.0	35.0
		白族	13.0	35.0
		哈尼族	12.5	32.0
		汉族	14.0	35.0
		纳西族	13.0	37.0
		彝族	13.0	39.0
		其他民族	14.0	32.0
		中国	14.1	34.5
		美国	14.6	37.5
	体表面积/m^2	云南省	0.58	1.15
		白族	0.57	1.17
		哈尼族	0.54	1.09
		汉族	0.59	1.14
		纳西族	0.55	1.20
		彝族	0.57	1.20
		其他民族	0.56	1.08
		中国	0.62	1.24
		美国	0.63	1.35
摄入量	饮水量/（mL/d）	云南省	925	1 300
		白族	925	1 300
		哈尼族	703	1 006
		汉族	930	1 338
		纳西族	981	1 259
		彝族	784	1 236
		其他民族	923	1 181
		中国	859	1 294
		美国	323	527
暴露时间	洗澡时间/（min/d）	云南省	7.6	6.8
		白族	7.5	6.8
		哈尼族	10.0	9.7
		汉族	7.3	6.8
		纳西族	6.2	4.3
		彝族	8.5	8.5
		其他民族	9.4	8.2
		中国	8.6	10.5
		美国	23.3	24.5

分类		地区	年龄	
			0～5 岁	6～17 岁
暴露时间	游泳时间/（min/月）	云南省	40.0	75.0
		白族	37.5	60.0
		哈尼族	15.0	112.5
		汉族	45.0	90.0
		纳西族	30.0	86.3
		彝族	39.4	72.5
		其他民族	47.3	53.3
		中国	73.0	196.0
		美国	119.0	145.0

二、云南省儿童环境暴露行为模式存在年龄、性别、城乡、地区和民族差异

云南省儿童环境暴露行为模式存在年龄、性别、城乡、地区和民族差异（表 3-24、表 3-25）。

表 3-24　不同年龄、城乡和地区儿童的环境综合暴露系数

		饮水暴露系数		水经皮肤暴露系数	
		男	女	男	女
年龄	0～5 岁	0.063	0.063	0.28	0.29
	6～17 岁	0.037	0.038	0.16	0.21
城乡	城市	0.048	0.048	0.21	0.25
	农村	0.043	0.044	0.20	0.22
地区	昆明	0.051	0.056	0.21	0.23
	曲靖	0.048	0.051	0.17	0.18
	丽江	0.046	0.047	0.13	0.15
	普洱	0.045	0.042	0.44	0.45
	红河	0.035	0.036	0.24	0.24
	大理	0.052	0.047	0.21	0.25

表 3-25 不同年龄和民族儿童的环境综合暴露系数

		饮水暴露系数		水经皮肤暴露系数	
		0～5 岁	6～17 岁	0～5 岁	6～17 岁
总计	合计	0.063	0.038	0.28	0.18
	城市	0.066	0.039	0.30	0.18
	农村	0.058	0.036	0.26	0.18
白族	合计	0.069	0.040	0.29	0.19
	城市	0.071	0.047	0.39	0.22
	农村	0.064	0.036	0.24	0.16
哈尼族	合计	0.051	0.032	0.39	0.29
	城市	0.048	0.025	0.40	0.24
	农村	0.052	0.035	0.39	0.34
汉族	合计	0.063	0.038	0.26	0.18
	城市	0.066	0.038	0.28	0.18
	农村	0.058	0.039	0.24	0.18
纳西族	合计	0.070	0.035	0.30	0.13
	城市	0.070	0.047	0.31	0.15
	农村	0.067	0.031	0.26	0.12
彝族	合计	0.049	0.035	0.30	0.21
	城市	0.054	0.037	0.37	0.20
	农村	0.042	0.031	0.26	0.23
其他民族	合计	0.065	0.034	0.32	0.22
	城市	0.078	0.051	0.37	0.20
	农村	0.062	0.028	0.28	0.22

三、低年龄段儿童对环境暴露更敏感

在污染物暴露浓度水平相同的情况下，0～5 岁儿童比 6～17 岁儿童面临更高的健康风险。无论是摄入量还是行为模式，0～5 岁儿童均比 6～17 岁儿童面临更高的健康风险，因其正处于生长发育阶段、许多身体功能尚未发育完全，有毒有害物质进入机体可能性更高。

四、在环境管理中的应用

本调查所获得的云南省儿童暴露参数，可应用于本区域环境基准、健康风险评价等过程，为其他省（区、市）开展地区暴露参数调查提供参考，提高环境管理和决策的科学性。

第五节　应用（健康风险评估）

不同环境介质暴露于人体的途径不同，但主要暴露途径为经呼吸暴露、经皮肤暴露和经口/消化道暴露 3 种，其中经口摄入的计算公式如下：

$$\mathrm{ADD}_{\text{oral-water}} = \frac{C_W \times \mathrm{IR}_W \times \mathrm{EF} \times \mathrm{ED}}{\mathrm{BW} \times \mathrm{AT}} \tag{3-1}$$

式中：$\mathrm{ADD}_{\text{oral-water}}$——经口摄入地表水/地下水中污染物的日均暴露量，mg/（kg·d）；

C_W——经口摄入地表水/地下水中污染物浓度，mg/L；

IR_W——地表水/地下水摄入量，L/d；

EF——暴露频率，d/a，硝基苯取 20 d/a；

ED——暴露持续时间，a，硝基苯取 1 a；

BW——体重，kg；

AT——平均暴露时间，d，硝基苯取 5 d。

通常，非致癌健康效应都是阈值效应，低于阈值说明对人体健康不会产生不利影响，污染物的非致癌风险用危险熵（Hazard Quotient，HQ）来表示，计算公式如下：

$$\mathrm{HQ} = \frac{\mathrm{ADD}}{\mathrm{RfD}} \tag{3-2}$$

式中：RfD——某种污染物某种暴露途径下的参考剂量，mg/（kg·d），硝基苯取 0.002 mg/（kg·d）。

当 HQ<1 时，表明污染物经该暴露途径的非致癌风险较小，为可接受水平；当 HQ≥1 时，表明可能对人体健康有非致癌效应，已超过可接受水平，相关管理部门应当采取相应措施减少风险。

终生致癌风险（Lifetime Incremental Cancer Risk，ILCR）是评估个体因接触潜在致癌物而在一生中患癌的增量概率。对于化学物质的癌症健康风险，可用 ILCR 来评价，计算公式如式（3-3）所示：

$$\mathrm{ILCR} = \mathrm{ADD} \times \mathrm{SF} \tag{3-3}$$

式中：SF——某致癌物质的癌症斜率因子，（kg·d）/mg。

结果：假设经口摄入的硝基苯浓度为 0.06 mg/L，采用我国儿童环境暴露行为模式参数计算得到的云南省儿童暴露风险结果与国外年龄段儿童相比存在较大差异。0～5 岁和 6～17 岁儿童经口摄入日均暴露量是美国同年龄阶段儿童的 1.5～2.25 倍；但危险熵是美国同年龄阶段儿童的 1.59～2.23 倍。此外，因不同地区儿童的饮水量与体重等存在差异，云南省儿童与我国儿童平均经口摄入日均暴露量与危险熵仍然有所不同（表 3-26）。

表 3-26　硝基苯健康风险评价结果

年龄分段	云南省			中国			美国		
	$ADD_{oral\text{-}water}$	HQ	ILCR	$ADD_{oral\text{-}water}$	HQ	ILCR	$ADD_{oral\text{-}water}$	HQ	ILCR
0～5 岁	0.015	7.93	—	0.014	7	—	0.010	5	—
6～17 岁	0.009	4.46	—	0.008	4	—	0.004	2	—

注：中国和美国年龄分段分别取 0～6 岁、6～18 岁；硝基苯暂无斜率致癌因子。

讨论：云南省儿童经口摄入日均暴露量与危险熵高于我国儿童和美国同年龄阶段儿童。在污染物浓度一致的情况下，我国的环境健康基准高于美国，在评估地区环境健康风险时应优先选择我国人群的环境暴露行为模式参数，进一步地，针对不同地区儿童具有各自的生活习惯。因此为准确评估特定地区健康风险，有必要开展各地区更详细的调查以得出准确评价结果。

短期暴露饮水水质安全浓度是指在短期饮水暴露条件下不会对人体健康造成有害效应的某种污染物的上限质量浓度，本书中的短期暴露特指 10 d。污染物短期暴露风险的毒理学效应主要针对非致癌物的效应评估，本书将儿童作为主要保护对象。

$$\mathrm{SWSC} = \frac{\mathrm{POD} \times \mathrm{BW}}{\mathrm{UF} \times \mathrm{DWI}} \tag{3-3}$$

式中：SWSC——短期暴露饮水水质安全浓度，mg/L；

POD——健康效应分离点［包括 NOAEL——未观察到的有害作用剂量，mg/（kg·d）；LOAEL——最小观察到有害作用剂量，mg/（kg·d）；BMDL——基准剂量下限，mg/（kg·d）］；

BW——儿童平均体重，kg；

UF——不确定系数；

DWI——儿童每日饮用水摄入量，L/d。

例：镉短期暴露饮水水质安全浓度的确定。

研究表明，成人镉盐经口急性暴露呕吐的 LOAEL 值为 0.043 mg/（kg·d）；以儿童作为保护对象，BW 为儿童平均体重；UF 为 10，采用人群资料，只考虑种内差异；DWI 以儿童作为保护对象（表 3-27）。

表 3-27　镉短期暴露饮水水质浓度

单位：mg/kg

年龄分段	云南省	中国	美国
0～5 岁	0.065	0.076	0.101
6～17 岁	0.116	0.135	0.238

讨论：云南省儿童镉短期暴露饮水水质浓度高于我国和美国同年龄阶段儿童，因此为准确评估特定地区健康风险，有必要开展各地区更详细的调查以得出准确评价结果。

第四章

云南省儿童土壤/尘环境介质相关的暴露特征

第一节　土壤/尘暴露类型

一、户外活动特征

云南省具有户外活动儿童人数占比为44.6%，其中男性儿童占比高于女性儿童。从年龄分布来看，0～5岁儿童户外活动人数占比高于6～17岁儿童。从城乡分布来看，农村地区具有户外活动儿童人数占比高于城市地区。从地区分布来看，丽江地区儿童户外活动人数占比最高，曲靖地区儿童户外活动人数占比最低（表4-1）。

表4-1　不同年龄、城乡和地区具有户外活动的儿童构成情况

单位：%

		合计	男	女
合计		44.6	24.3	20.3
年龄	0～5岁	46.1	26.1	20.0
	6～17岁	43.5	22.9	20.6

		合计	男	女
城乡	城市	41.8	22.1	19.7
	农村	48.3	27.1	21.2
地区	昆明	38.3	19.2	19.1
	曲靖	33.5	18.6	14.9
	普洱	38.9	21.8	17.1
	丽江	61.0	31.9	29.1
	红河	42.4	23.4	19.0
	大理	60.3	34.7	25.6

云南省不同年龄和民族具有户外活动人数构成情况如表 4-2 所示，其中，6～17 岁儿童户外活动人数占比高于 0～5 岁儿童。从民族分布来看，彝族 0～5 岁儿童的户外活动人数占比最高，而纳西族儿童户外活动人数占比最低；纳西族 6～17 岁儿童具有户外活动人数占比最高，而彝族同年龄段最低。

表 4-2　不同年龄和民族具有户外活动儿童构成情况

单位：%

		具有户外活动人数占比	
		0～5 岁	6～17 岁
总计	合计	33.0	48.6
	城市	35.8	47.9
	农村	29.4	49.5
白族	合计	35.1	51.8
	城市	40.3	48.3
	农村	30.7	54.7
哈尼族	合计	27.9	39.6
	城市	31.4	47.1
	农村	25.0	33.3
汉族	合计	32.9	49.3
	城市	35.2	48.6
	农村	29.1	50.4
纳西族	合计	26.8	62.6
	城市	33.1	50.9
	农村	21.8	71.8
彝族	合计	39.8	36.3
	城市	37.2	45.7
	农村	42.9	25.0

		具有户外活动人数占比	
		0～5 岁	6～17 岁
其他民族	合计	34.8	40.5
	城市	43.5	37.7
	农村	29.0	42.4

二、户外活动场所

云南省儿童户外活动场地主要类型为土地、草地、瓷砖地、水泥地，且男性儿童占比普遍高于女性儿童，从年龄分布来看，6～17 岁儿童暴露于土地、草地、瓷砖地、水泥地和沥青地的占比显著高于 0～5 岁儿童。从城乡分布来看，城市地区儿童暴露于草地、瓷砖地、砂石地、水泥地占比高于农村地区。从地区分布来看，丽江地区儿童暴露于土地、草地占比最高，大理地区儿童暴露于砂石地和矿/煤渣地占比最高，普洱地区儿童暴露于瓷砖地占比最高，曲靖地区儿童暴露于水泥地占比最高，昆明地区儿童暴露于沥青地占比最高（表 4-3、表 4-4）。

表 4-3 不同年龄、城乡和地区儿童暴露于土地、草地、砂石地、矿/煤渣地构成情况

单位：%

		土地			草地			砂石地			矿/煤渣地		
		合计	男	女	合计	男	女	合计	男	女	合计	男	女
合计		31.9	17.8	14.2	35.7	18.6	17.1	10.9	6.1	4.8	1.9	1.0	0.9
年龄	0～5 岁	30.6	17.3	13.3	31.4	17.1	14.3	11.9	7.0	4.9	2.4	1.3	1.1
	6～17 岁	32.9	18.1	14.8	38.9	19.7	19.2	10.2	5.4	4.8	1.5	0.8	0.7
城乡	城市	26.8	14.8	12.0	36.9	18.9	17.9	11.6	6.4	5.2	2.1	1.2	0.9
	农村	38.5	21.5	17.0	34.1	18.1	16.0	10.1	5.7	4.4	1.7	0.8	0.9
地区	昆明	30.6	17.0	13.7	41.3	22.0	19.4	10.6	5.9	4.6	1.4	1.1	0.4
	曲靖	24.2	13.3	10.8	30.4	15.7	14.7	10.1	5.3	4.8	2.9	1.8	1.0
	普洱	31.9	17.6	14.3	25.4	12.6	12.8	5.9	3.5	2.4	1.0	0.1	0.9
	丽江	40.5	21.9	18.7	46.2	23.7	22.6	5.0	2.6	2.4	0.8	0.3	0.6
	红河	35.4	19.5	15.9	34.3	17.1	17.2	10.1	5.5	4.6	1.6	0.7	0.9
	大理	32.6	19.4	13.2	37.3	21.0	16.3	24.9	14.2	10.7	3.6	1.9	1.6

注：表 4-3 指具有土壤暴露行为儿童的暴露场所。

表 4-4　不同年龄、城乡和地区儿童暴露于瓷砖地、水泥地、沥青地及其他构成情况

单位：%

		瓷砖地			水泥地			沥青地			其他		
		合计	男	女	合计	男	女	合计	男	女	合计	男	女
合计		37.7	19.2	18.5	56.7	29.8	26.9	7.4	3.8	3.5	3.1	1.5	1.6
年龄	0～5 岁	36.2	19.7	16.5	49.2	27.4	21.8	6.2	3.2	3.0	4.3	2.3	2.0
	6～17 岁	38.8	18.8	20.0	62.4	31.6	30.9	8.3	4.3	3.9	2.1	0.8	1.3
城乡	城市	41.3	20.4	20.9	58.3	30.0	28.2	6.3	3.1	3.2	4.0	2.0	2.0
	农村	33.1	17.6	15.4	54.7	29.4	25.2	8.8	4.7	4.0	1.9	0.8	1.1
地区	昆明	42.9	20.9	22.0	46.2	23.3	22.9	11.5	6.1	5.5	7.5	3.6	3.9
	曲靖	36.4	19.7	16.7	71.4	39.4	32.0	7.2	3.5	3.7	1.9	1.0	1.0
	普洱	54.6	27.4	27.2	43.4	22.1	21.3	7.8	4.6	3.2	0.4	0.3	0.1
	丽江	33.0	16.0	17.0	66.0	32.2	33.8	2.2	1.5	0.7	4.3	1.8	2.5
	红河	21.0	11.7	9.3	42.4	22.5	19.9	7.3	3.8	3.5	0.9	0.3	0.7
	大理	39.6	19.7	19.9	66.2	36.1	30.1	7.6	3.3	4.3	3.0	1.8	1.2

注：表 4-4 指具有土壤暴露行为儿童的暴露场所。

云南省各民族儿童户外活动场地主要类型为瓷砖地、水泥地，且 6～17 岁儿童占比高于 0～5 岁儿童。从城乡分布来看，城市地区儿童暴露于草地、砂石地、瓷砖地和水泥地占比高于农村地区。从民族分布来看，白族儿童暴露于砂石地占比最高；哈尼族儿童暴露于瓷砖地占比最高；纳西族儿童暴露于水泥地占比最高（表 4-5、表 4-6）。

表 4-5　不同年龄和民族儿童暴露于土地、草地、砂石地、矿/煤渣地构成情况

单位：%

		土地		草地		砂石地		矿/煤渣地	
		0～5 岁	6～17 岁	0～5 岁	6～17 岁	0～5 岁	6～17 岁	0～5 岁	6～17 岁
总计	合计	13.3	18.6	13.7	22.0	5.2	5.8	1.1	0.9
	城市	11.1	15.7	14.5	22.4	5.3	6.2	1.4	0.8
	农村	16.2	22.3	12.6	21.5	4.9	5.2	0.7	1.0
白族	合计	11.3	18.3	13.7	19.8	7.0	8.5	1.2	0.9
	城市	10.1	12.1	16.8	14.1	8.7	9.4	2.7	0.7
	农村	12.3	23.5	11.2	24.6	5.6	7.8	0.0	1.1
哈尼族	合计	18.8	18.8	14.9	13.6	1.3	5.2	0.6	0.0
	城市	14.3	11.4	17.1	17.1	2.9	4.3	0.0	0.0
	农村	22.6	25.0	13.1	10.7	0.0	6.0	1.2	0.0

		土地		草地		砂石地		矿/煤渣地	
		0～5岁	6～17岁	0～5岁	6～17岁	0～5岁	6～17岁	0～5岁	6～17岁
汉族	合计	11.7	17.4	12.5	22.2	5.6	5.7	1.4	0.9
	城市	9.9	14.9	13.0	22.9	5.3	6.4	1.6	0.7
	农村	14.7	21.3	11.8	21.0	6.2	4.8	1.0	1.3
纳西族	合计	13.6	25.7	14.9	34.1	1.6	4.6	0.0	0.8
	城市	16.6	25.2	20.2	28.2	2.5	1.2	0.0	0.6
	农村	11.2	26.2	10.7	38.8	1.0	7.3	0.0	1.0
彝族	合计	20.9	16.9	16.6	16.3	4.1	4.4	0.3	1.5
	城市	14.9	18.6	17.0	21.8	5.3	5.9	0.0	2.7
	农村	28.2	14.7	16.0	9.6	2.6	2.6	0.6	0.0
其他民族	合计	19.8	23.6	19.0	19.0	5.7	6.0	0.0	0.3
	城市	16.7	17.4	21.0	21.0	7.2	8.0	0.0	0.0
	农村	21.9	27.6	17.6	17.6	4.8	4.8	0.0	0.5

注：表 4-5 指具有土壤暴露行为儿童的暴露场所。

表 4-6　不同年龄和民族儿童在瓷砖地、水泥地、沥青地及其他构成情况

单位：%

		瓷砖地		水泥地		沥青地		其他	
		0～5岁	6～17岁	0～5岁	6～17岁	0～5岁	6～17岁	0～5岁	6～17岁
总计	合计	15.8	21.9	21.4	35.3	2.7	4.7	1.9	1.2
	城市	18.2	23.1	23.0	35.3	1.9	4.4	2.9	1.1
	农村	12.6	20.5	19.4	35.2	3.8	5.0	0.6	1.3
白族	合计	11.6	18.6	20.7	36.9	3.0	3.4	3.4	0.9
	城市	16.1	21.5	22.1	40.9	4.7	6.0	4.7	0.7
	农村	7.8	16.2	19.6	33.5	1.7	1.1	2.2	1.1
哈尼族	合计	20.1	26.6	16.9	25.3	4.5	1.3	0.0	0.0
	城市	15.7	21.4	25.7	38.6	1.4	1.4	0.0	0.0
	农村	23.8	31.0	9.5	14.3	7.1	1.2	0.0	0.0
汉族	合计	15.8	22.8	21.1	35.9	2.2	5.1	2.2	1.4
	城市	18.4	23.8	21.8	35.6	1.8	4.5	3.2	1.0
	农村	11.5	21.3	20.0	36.5	2.9	6.2	0.6	2.0
纳西族	合计	10.6	23.8	22.8	47.4	0.5	1.6	1.4	2.7
	城市	12.3	19.6	29.4	28.2	0.6	1.8	3.1	5.5
	农村	9.2	27.2	17.5	62.6	0.5	1.5	0.0	0.5
彝族	合计	19.5	16.6	26.2	29.1	3.8	5.5	0.0	0.0
	城市	18.6	21.3	25.5	37.8	1.1	5.3	0.0	0.0
	农村	28.2	14.7	16.0	9.6	2.6	2.6	0.6	0.0

		瓷砖地		水泥地		沥青地		其他	
		0～5 岁	6～17 岁	0～5 岁	6～17 岁	0～5 岁	6～17 岁	0～5 岁	6～17 岁
其他民族	合计	19.5	18.1	21.0	25.3	7.2	5.7	0.6	0.0
	城市	24.6	21.7	28.3	28.3	2.9	5.1	0.7	0.0
	农村	16.2	15.7	16.2	23.3	10.0	6.2	0.5	0.0

注：表 4-6 指具有土壤暴露行为儿童的暴露场所。

第二节 土壤/尘暴露时间

一、土壤暴露时间

云南省儿童土壤暴露时间平均为 30 min/d，男性儿童暴露时间与女性儿童一致。从年龄分布来看，0～5 岁女性儿童暴露时间长于 6～17 岁女性儿童；从城乡分布来看，城市地区儿童与农村地区儿童的土壤暴露时间无差异；从地区分布来看，大理地区儿童土壤暴露时间最长，丽江地区最短（表 4-7）。

表 4-7 不同年龄、城乡和地区儿童的土壤暴露时间

单位：min/d

		合计	男	女
合计		30	30	30
年龄	0～5 岁	40	50	40
	6～17 岁	24	30	20
城乡	城市	30	30	30
	农村	30	30	30
地区	昆明	32	32	30
	曲靖	20	20	16
	普洱	44	60	30
	丽江	16	16	20
	红河	45	60	30
	大理	60	60	40

注：表 4-7 指具有土壤暴露行为儿童的暴露时间。

云南省各民族城市地区与农村地区儿童土壤暴露时间平均为 30 min/d，0～5 岁儿童土壤暴露时间长于 6～17 岁儿童。哈尼族儿童土壤暴露时间最长，纳西族最短（表 4-8）。

表 4-8 不同年龄和民族儿童的土壤暴露时间

单位：min/d

		土地暴露时间	
		0～5 岁	6～17 岁
总计	合计	40.0	24.0
	城市	40.0	25.0
	农村	60.0	24.0
白族	合计	50.0	30.0
	城市	31.0	46.0
	农村	60.0	20.0
哈尼族	合计	60.0	60.0
	城市	31.0	52.5
	农村	60.0	60.0
汉族	合计	40.0	25.0
	城市	37.1	25.0
	农村	60.0	25.0
纳西族	合计	30.0	10.0
	城市	40.0	8.0
	农村	20.0	10.0
彝族	合计	60.0	42.5
	城市	60.0	30.0
	农村	45.0	60.0
其他民族	合计	60.0	30.0
	城市	31.0	15.0
	农村	90.0	60.0

注：表 4-8 指具有土壤暴露行为儿童的暴露时间。

二、手口/物口接触时间

云南省儿童具有物口接触人数占比为 14.6%，其中男性儿童占比高于女性儿童，从年龄分布来看，0～5 岁儿童物口接触人数占比显著高于 6～17 岁儿童。从城乡分布来看，城市地区儿童物口接触人数占比高于农村地区。从地区分布来看，普洱地区儿童物口接触人数占比最高，红河地区最低。

云南省儿童物口接触时间平均为 60 min/d，男性儿童与女性儿童物口接触时间一致。从年龄分布来看，0～5 岁儿童物口接触时间平均为 60 min/d，6～17 岁儿童物口接触时间平均为 45 min/d。从城乡分布来看，城市地区和农村地区儿童物口接触时间均为 60 min/d。从地区分布来看，红河地区儿童物口接触时间最长，达 120.0 min/d，普洱地区儿童物口接触时间最短，为 52.0 min/d（表 4-9）。

表 4-9　不同年龄、城乡和地区儿童的物口接触人数占比与时间

		物口接触人数占比/%			物口接触时间/（min/d）		
		合计	男	女	合计	男	女
合计		14.6	7.5	7.2	60.0	60.0	60.0
年龄	0～5 岁	26.1	13.2	12.8	60.0	60.0	60.0
	6～17 岁	5.8	3.0	2.8	45.0	40.0	60.0
城乡	城市	15.9	7.6	8.3	60.0	60.0	60.0
	农村	13.0	7.3	5.7	60.0	60.0	60.0
地区	昆明	17.8	8.6	9.3	60.0	60.0	60.0
	曲靖	11.9	6.4	5.5	60.0	60.0	60.0
	普洱	19.0	8.8	10.1	52.0	60.0	36.0
	丽江	16.3	7.8	8.5	60.0	46.0	60.0
	红河	11.2	6.2	5.0	120.0	122.5	120.0
	大理	12.6	7.4	5.2	52.5	45.0	60.0

注：表 4-11 指具有物口接触行为儿童的暴露占比及时间。

云南省各民族城市地区具有物口接触行为人数占比高于农村地区，且均表现为 0～5 岁儿童占比高于 6～17 岁儿童。从民族分布来看，其他民族具有物口接触人数占比最高。

云南省各民族 0～5 岁儿童物口接触时间为 60.0 min/d，6～17 岁儿童物口接触时间为 45 min/d。从民族分布来看，哈尼族儿童物口接触时间最短（表 4-10）。

表 4-10　不同年龄和民族儿童物口接触人数占比与时间

		物口接触人数占比/%		物口接触时间/（min/d）	
		0～5 岁	6～17 岁	0～5 岁	6～17 岁
总计	合计	6.2	1.6	60.0	45.0
	城市	6.5	1.7	60.0	60.0
	农村	5.8	1.5	60.0	30.0

		物口接触人数占比/%		物口接触时间/（min/d）	
		0～5 岁	6～17 岁	0～5 岁	6～17 岁
白族	合计	5.5	2.7	36.0	60.0
	城市	5.4	2.7	33.0	60.0
	农村	5.6	2.8	60.0	30.0
哈尼族	合计	9.1	1.3	52.0	17.5
	城市	12.9	2.9	60.0	17.5
	农村	6.0	0.0	48.0	—
汉族	合计	5.1	1.7	60.0	60.0
	城市	5.5	1.6	60.0	60.0
	农村	4.4	1.8	60.0	40.0
纳西族	合计	6.2	1.1	60.0	45.0
	城市	12.9	1.8	60.0	60.0
	农村	1.0	0.5	120.0	30.0
彝族	合计	9.9	0.9	60.0	30.0
	城市	5.9	1.1	30.0	102.0
	农村	14.7	0.6	60.0	30.0
其他民族	合计	12.1	0.6	60.0	30.0
	城市	11.6	0.7	30.0	30.0
	农村	12.4	0.5	60.0	30.0

注：表 4-10 指具有物口接触行为儿童的暴露占比及时间。

云南省儿童具有手口接触人数占比为 13.6%，其中男性儿童占比高于女性儿童。从年龄分布来看，0～5 岁儿童手口接触人数占比显著高于 6～17 岁儿童。从城乡分布来看，城市地区儿童手口接触人数占比高于农村地区。从地区分布来看，昆明市地区儿童手口接触占比最高，大理地区最低。

云南省儿童手口接触时间平均为 2.5 min/d，女性儿童长于男性儿童。从年龄分布来看，0～5 岁儿童手口接触时间平均为 2.7 min/d，6～17 岁儿童手口接触时间平均为 2.0 min/d。从城乡分布来看，城市地区儿童手口接触时间短于农村地区。从地区分布来看，曲靖地区儿童手口接触时间最长，达 4.0 min/d，红河地区最短，为 1.7 min/d（表 4-11）。

表 4-11　不同年龄、城乡和地区儿童手口接触人数占比与时间

		手口接触人数占比/%			手口接触时间/（min/d）		
		合计	男	女	合计	男	女
合计		13.6	6.9	6.7	2.5	2.5	3.0
年龄	0～5 岁	24.3	12.4	11.9	2.7	2.5	3.0
	6～17 岁	5.3	2.6	2.7	2.0	2.0	2.1
城乡	城市	14.8	7.0	7.9	2.5	2.2	3.0
	农村	12.0	6.8	5.2	3.0	3.0	2.1
地区	昆明	17.9	8.3	9.6	3.8	3.0	4.0
	曲靖	11.8	6.2	5.6	4.0	4.0	5.0
	普洱	17.1	8.2	8.8	1.8	1.7	1.8
	丽江	14.6	6.8	7.8	2.2	2.2	2.3
	红河	10.4	5.7	4.7	1.7	1.8	1.7
	大理	9.9	6.2	3.7	1.8	3.0	1.7

注：表 4-11 指具有手口接触行为儿童的暴露占比及时间。

云南省各民族 0～5 岁儿童具有手口接触行为人数占比为 10.6%，6～17 岁儿童占比为 3.0%，城市地区儿童手口接触人数占比高于农村地区。从民族分布来看，其他民族 0～5 岁儿童手口接触人数占比最高，白族最低；汉族 6～17 岁儿童手口接触人数占比最高，哈尼族最低。

云南省各民族 0～5 岁儿童手口接触时间平均为 2.7 min/d，6～17 岁儿童手口接触时间平均为 2.0 min/d。从民族分布来看，汉族 0～5 岁儿童手口接触时间最长，白族最短（表 4-12）。

表 4-12　不同年龄和民族儿童手口接触人数占比与时间

		手口接触人数占比/%		手口接触时间/（min/d）	
		0～5 岁	6～17 岁	0～5 岁	6～17 岁
总计	合计	10.6	3.0	2.7	2.0
	城市	11.5	3.3	2.5	2.3
	农村	9.4	2.6	3.0	2.0
白族	合计	6.7	2.7	1.3	2.0
	城市	8.7	2.0	1.3	4.0
	农村	5.0	3.4	3.3	1.3
哈尼族	合计	14.3	0.6	2.5	1.3
	城市	20.0	1.4	2.5	1.3
	农村	9.5	0.0	2.0	—

		手口接触人数占比/%		手口接触时间/（min/d）	
		0～5 岁	6～17 岁	0～5 岁	6～17 岁
汉族	合计	9.7	3.5	3.0	2.8
	城市	10.8	3.6	3.0	2.4
	农村	8.0	3.4	3.0	3.0
纳西族	合计	10.6	2.7	2.4	2.5
	城市	19.6	4.3	2.3	3.3
	农村	3.4	1.5	3.0	1.7
彝族	合计	14.5	1.5	2.3	1.0
	城市	7.4	1.6	1.8	1.0
	农村	23.1	1.3	2.5	1.0
其他民族	合计	16.4	1.4	3.0	2.0
	城市	15.9	2.2	2.0	3.3
	农村	16.7	1.0	5.0	1.0

注：表 4-12 指具有手口接触行为儿童的暴露占比及时间。

云南省不同年龄、城乡和地区儿童洗手行为构成情况如表 4-13 所示，儿童在餐前洗手占比最高，男性儿童占比高于女性儿童。从年龄分布来看，0～5 岁男性儿童在餐前和接触不干净物品后洗手占比高于 6～17 岁男性儿童，而 6～17 岁女性儿童在餐前和接触不干净物品后洗手占比高于 0～5 岁女性儿童。从城乡分布来看，城市地区儿童在游乐园/公园玩耍后和接触公共物品后洗手占比高于农村地区。从地区分布来看，昆明地区女性儿童在接触公共物品后洗手占比最高，红河地区最低。

表 4-13　不同年龄、城乡和地区儿童洗手行为构成情况

单位：%

		餐前		接触不干净物品后		游乐园/公园玩耍后		接触公共物品后	
		男	女	男	女	男	女	男	女
合计		45.8	44.8	45.9	44.1	28.8	28.1	17.2	17.9
年龄	0～5 岁	47.1	42.9	47.9	42.6	31.1	28.3	15.9	14.7
	6～17 岁	44.8	46.2	44.4	45.3	27.0	28.0	18.1	20.3
城乡	城市	44.9	45.1	44.5	44.5	30.0	30.5	18.4	19.5
	农村	47.1	44.4	47.6	43.5	27.1	25.0	15.6	15.8
地区	昆明	43.2	45.6	42.6	47.3	25.5	29.9	25.1	27.4
	曲靖	46.3	42.4	47.1	41.5	28.7	25.8	15.0	14.4
	普洱	43.8	47.6	45.0	42.5	32.2	33.2	11.9	17.4

		餐前		接触不干净物品后		游乐园/公园玩耍后		接触公共物品后	
		男	女	男	女	男	女	男	女
地区	丽江	46.1	46.2	44.4	46.1	29.2	28.1	25.5	22.3
	红河	48.0	45.1	49.1	45.2	23.0	23.4	6.6	6.7
	大理	47.6	42.5	47.0	42.5	35.3	29.5	18.7	19.6

云南省不同年龄和民族儿童洗手行为构成情况如表 4-14 所示，6～17 岁儿童洗手占比均高于 0～5 岁儿童。从民族分布来看，彝族 0～5 岁儿童餐前、接触不干净物品后洗手占比最高，纳西族同年龄段儿童最低；纳西族 6～17 岁儿童在接触公共物品后洗手占比最高，哈尼族同年龄段儿童最低。

表 4-14　不同年龄和民族儿童洗手行为构成情况

单位：%

		餐前		接触不干净物品后		游乐园/公园玩耍后		接触公共物品后	
		0～5 岁	6～17 岁	0～5 岁	6～17 岁	0～5 岁	6～17 岁	0～5 岁	6～17 岁
总计	合计	39.2	51.4	39.4	50.6	25.9	31.0	13.3	21.7
	城市	40.9	49.1	40.5	48.6	28.9	31.7	15.7	22.2
	农村	36.9	54.5	37.9	53.3	22.0	30.2	10.2	21.1
白族	合计	36.3	52.7	36.6	50.9	27.7	36.0	15.9	26.2
	城市	43.6	51.0	43.0	50.3	36.2	41.6	20.8	30.2
	农村	30.2	54.2	31.3	51.4	20.7	31.3	11.7	22.9
哈尼族	合计	39.6	51.9	39.0	51.9	20.8	29.9	9.7	9.1
	城市	37.1	52.9	37.1	52.9	21.4	30.0	14.3	7.1
	农村	41.7	51.2	40.5	51.2	20.2	29.8	6.0	10.7
汉族	合计	38.7	51.4	39.0	50.9	25.6	32.5	12.3	22.0
	城市	39.9	49.4	39.7	49.2	27.6	32.4	14.6	22.5
	农村	36.9	54.5	37.9	53.7	22.4	32.6	8.7	21.2
纳西族	合计	34.4	59.1	33.3	57.2	25.7	25.5	17.3	32.5
	城市	46.6	41.7	46.0	41.1	35.6	19.0	22.1	24.5
	农村	24.8	72.8	23.3	69.9	18.0	30.6	13.6	38.8
彝族	合计	47.7	43.6	47.4	41.3	27.0	24.4	13.1	17.2
	城市	41.0	53.2	36.2	49.5	27.7	29.3	11.7	20.2
	农村	55.8	32.1	60.9	31.4	26.3	18.6	14.7	13.5
其他民族	合计	42.2	50.0	43.7	49.4	27.9	25.9	17.5	13.5
	城市	47.1	42.8	50.0	43.5	37.0	29.0	24.6	15.9
	农村	39.0	54.8	39.5	53.3	21.9	23.8	12.9	11.9

第三节　土壤摄入率

本书将云南会泽作为重点土壤介质暴露区域进行调查。共获取城市和农村儿童手尘样本 51 份，剔除离群值后类金属 As，重金属 Cd、Cr、V、Sc、Y、Pb 和 Zn 等有效样本数为 49 个、49 个、49 个、51 个、47 个、47 个、49 个和 49 个。

由表 4-15 可知，农村地区儿童手尘中 As、Cd、Cr、V、Sc、Pb 和 Zn 总量显著高于城市地区，这可能是由于城乡地区儿童活动水平不同导致摄入量不同。

表 4-15　云南省城乡儿童手尘样本各重金属（类金属）含量

单位：mg

	城市	农村
As	0.74	0.98
Cd	0.15	0.34
Cr	1.71	2.12
Pb	16.41	44.14
Sc	0.02	0.06
V	0.55	0.94
Y	0.08	0.06
Zn	163.71	309.73

第四节　综合分析

一、云南省儿童土壤/尘环境暴露参数与我国、美国存在显著差异

云南省各民族儿童土壤经皮肤综合暴露系数高于我国儿童平均暴露系数（表 4-16）。其中纳西族儿童暴露系数是我国同年龄阶段儿童的 1.23～1.61 倍，但显著低于美国儿童综合暴露系数；各民族暴露时间也因生活习惯等不同存在较大差异。

表 4-16　云南省不同民族儿童土壤/尘综合暴露系数、暴露时间与我国、美国比较情况

分类		地区	年龄	
			0～5 岁	6～17 岁
综合暴露系数	土壤经皮肤综合暴露系数	云南省	0.90	0.79
		白族	0.89	0.78
		哈尼族	0.89	0.86
		汉族	0.91	0.79
		纳西族	0.97	0.78
		彝族	0.90	0.86
		其他民族	0.95	0.82
		中国	0.79	0.49
		美国	5.34	4.31
暴露时间	土壤接触时间/（min/d）	云南省	40.0	24.0
		白族	50.0	30.0
		哈尼族	60.0	60.0
		汉族	40.0	25.0
		纳西族	30.0	10.0
		彝族	60.0	42.5
		其他民族	60.0	30.0
		中国	38.0	21.0
		美国	177.0	197.0

二、云南省儿童土壤/尘环境暴露行为模式存在年龄、性别、城乡、地区和民族差异

云南省儿童土壤/尘环境暴露行为模式存在年龄、性别、城乡、地区和民族差异（表 4-17、表 4-18）。云南省儿童土壤/尘环境暴露系数随年龄增长而降低；红河地区儿童土壤/尘环境暴露系数最高，昆明地区最低。从民族分布来看，不同民族之间暴露系数存在显著差异，纳西族 0～5 岁儿童和彝族、哈尼族 6～17 岁儿童土壤/尘环境暴露系数最高。

表 4-17　不同年龄、城乡和地区儿童的土壤/尘环境综合暴露系数

		土壤经皮肤暴露系数	
		男	女
年龄	0～5 岁	0.90	0.90
	6～17 岁	0.80	0.78
城乡	城市	0.87	0.83
	农村	0.86	0.87
地区	昆明	0.72	0.71
	曲靖	0.71	0.81
	普洱	1.01	0.95
	丽江	0.79	0.87
	红河	1.11	0.94
	大理	0.90	0.85

表 4-18　不同年龄和民族儿童的环境综合暴露系数

		土壤经皮肤暴露系数	
		0～5 岁	6～17 岁
总计	合计	0.90	0.79
	城市	0.91	0.77
	农村	0.90	0.81
白族	合计	0.89	0.78
	城市	0.96	0.78
	农村	0.82	0.76
哈尼族	合计	0.89	0.86
	城市	0.85	0.79
	农村	0.89	0.89
汉族	合计	0.91	0.79
	城市	0.90	0.75
	农村	0.91	0.82
纳西族	合计	0.97	0.78
	城市	0.88	0.78
	农村	1.60	0.79
彝族	合计	0.90	0.86
	城市	0.97	0.84
	农村	0.81	0.94
其他民族	合计	0.95	0.82
	城市	0.94	0.69
	农村	0.98	0.90

注：表 4-18 指具有土壤暴露行为儿童的暴露系数。

三、低年龄段儿童对环境暴露更敏感

在开展云南省儿童土壤/尘环境暴露行为模式研究中依然发现低年龄段儿童对环境暴露更为敏感，且与我国暴露参数系数具有一定差异，因此云南省有必要针对性地采取儿童暴露风险防范措施。

第五节　应用（环境健康风险评估）

一、经口摄入日均暴露量

$$\mathrm{ADD}_{\text{oral-soil}}=\frac{C_s\times \mathrm{IR}_s\times \mathrm{CF}\times \mathrm{EF}\times \mathrm{ED}}{\mathrm{BW}\times \mathrm{AT}} \tag{4-1}$$

式中：$\mathrm{ADD}_{\text{oral-soil}}$——经口摄入土壤中污染物的日均暴露量，mg/（kg·d）；

C_s——经口摄入土壤中污染物浓度，mg/kg，土壤铅浓度取 10 mg/kg；

IR_s——土壤摄入量，mg/d；土壤摄入量取 5 mg/d；

CF——质量转换因子，1×10^{-6} kg/mg；

EF、ED、BW 和 AT 含义与取值同前。

二、经皮肤摄入日均暴露量

$$\mathrm{ADD}_{\text{dermal-soil}}=\frac{C_s\times \mathrm{CF}\times \mathrm{SA}_s\times \mathrm{AF}\times \mathrm{ABS}_d\times \mathrm{EF}\times \mathrm{ED}}{\mathrm{BW}\times \mathrm{AT}} \tag{4-2}$$

式中：$\mathrm{ADD}_{\text{dermal-soil}}$——皮肤接触土壤中污染物的日均暴露量，mg/（kg·d），暴露量取 20 mg/（kg·d）；

C_s——皮肤接触土壤中污染物浓度，mg/kg，取值 10 mg/kg；

CF——质量转换因子，1×10^{-6} kg/mg；

SA_s——皮肤接触土壤表面积，cm^2/event，皮肤接触含铅土壤面积取 30 cm^2/event；

AF——皮肤对土壤的黏附因子，mg/cm^2，黏附因子取 1 mg/cm^2；

ABS_d——皮肤对污染物的吸收因子，量纲一，取值 0.4；

EF、ED、BW 和 AT 含义与取值同前。

结果与讨论：假设土壤中污染物铅浓度为 10 mg/kg，采用我国儿童环境暴露行为模式参数计算得到的云南省儿童暴露风险结果与国外同年龄段儿童相比存在较大差异，但与我国儿童差异较小，因此在进行我国居民环境健康评价时应该优先采用我国人群的暴露参数（表 4-19）。

表 4-19 经口/皮肤摄入日均暴露量

年龄分段	风险评估参数	云南	中国	美国
0～5 岁	$ADD_{oral\text{-}soil}$	1.42×10^{-5}	1.63×10^{-5}	1.97×10^{-5}
	$ADD_{dermal\text{-}soil}$	3.42×10^{-5}	3.90×10^{-5}	4.72×10^{-5}
6～17 岁	$ADD_{oral\text{-}soil}$	5.73×10^{-6}	1.63×10^{-6}	4.51×10^{-6}
	$ADD_{dermal\text{-}soil}$	1.37×10^{-5}	1.16×10^{-5}	1.08×10^{-5}

第五章

项目成效

第一节　重要进展和成果

在“共建共享、全民健康”的健康中国建设战略主题的指导下，建立健全环境与健康监测、调查和风险评估制度是当前建设健康环境的重要任务之一。暴露是联接环境与健康的关键环节，准确的暴露评价结果是确保风险评估科学性的前提。本书在国家暴露参数调查的顶层设计指导下，首次开展地方化的暴露参数研究，可为建立健全地方化风险评估制度奠定基础。

通过对西南典型多民族地区——云南省儿童涉水和涉土壤/尘暴露行为模式的调查，编制了云南省居民暴露参数手册（儿童卷），调查研究表明，云南儿童涉水和涉土壤/尘暴露行为模式存在地区、城乡、民族和年龄差异，此研究结果可为相关领域的科研人员的暴露参数调查和健康风险评估提供参考。

第二节　社会效益

一、推动了地方人群暴露参数研究，促进了健康云南建设

《“健康中国 2030”规划纲要》指出，“坚持以人民为中心的发展思想，牢固树立和贯彻落实新发展理念，坚持正确的卫生与健康工作方针，以提高人民健康水平为核心，以体制机制改革创新为动力，以普及健康生活、优化健康服务、完善健康保障、建设健康环境、发展健康产业为重点，把健康融入所有政策，加快转变健康领域发展方式，全方位、全周期维护和保障人民健康，大幅提高健康水平，显著改善健康公平。”同时，要坚持预防为主，推行健康文明的生活方式。根据《云南省环境保护“十三五”规划纲要》，提出开展云南省环境风险区划，建立各类环境要素的环境风险评价指标体系，制订环境风险管理方案的要求。《“健康云南 2030”规划纲要》，提出逐步建立健全环境与健康管理制度，开展重点区域、流域、行业环境与健康调查；加强环境风险评估等环境与健康方面的基础性工作。因此，开展环境与健康方面的科学研究工作，是落实国家和云南省关于加快建设生态文明，保护人民健康的基本要求。

本书针对《“健康中国 2030”规划纲要》和《“健康云南 2030”规划纲要》的指导要求，对具有少数民族特色的西南高原地区——云南省，进行人群涉水/涉土暴露参数调查，形成了《云南省人群环境暴露行为模式和参数手册》（儿童卷），该手册填补了云南省人群暴露行为模式的空白，可为相关领域的科研人员在健康风险评估过程中提供参考，从而提高了健康风险评估的准确性，促进了健康云南建设。目前的暴露参数影响因素分析对个体层面和地区层面等进行单一研究，尚未探讨不同地区和不同个体因素的混合因素分析，因此本书将进一步采用多水平模型对暴露参数的影响因素进行分析，以期为相关领域的科研人员提供参考，从而完善环境健康风险评估基础。

二、推动了生态文明建设，保障了人体健康

目前，我国存在健康服务供给总体不足与需求不断增长的矛盾，健康领域发展与经

济社会发展的协调性还有待增强，国家高度重视环境与健康，并于2020年印发了《中国公民生态环境与健康素养》，该文件系统普及了生态环境与健康素养的相关理念、知识和技能。

云南省人群时间行为模式调查通过对云南省6个市（州）、41个乡镇进行调查研究，同时带领昆明理工大学环境科学与工程学院学生进行“三下乡”活动，在获得本地化的暴露参数数据同时，对当地的居民尤其是农村地区人群进行相关理念、知识、行为和技能的简单普及，进一步引导公民正确认识人与自然的关系，树立环境与健康息息相关的理念，动员公众力量保护生态环境，为维护身体健康提供了指引，使公民认识到生态环境的价值及其对健康的影响，践行绿色的健康生活方式，并具备了一定保护环境、维护自身健康的行动能力。与此同时，本项目接触人群近2万人，调查人群（成人5 627人、儿童4 709人），影响范围之大，调查之广，深入农村，使健康的生活习惯进一步普及并深入人心，从而促进居民健康生活，保障了人体健康。

第六章

结论与建议

第一节　主要研究结论

（1）云南省儿童环境暴露行为模式存在地区、年龄、城乡和性别差异，与父亲民族密切相关，与我国儿童存在一定差异，在进行区域化健康风险评估时，若直接引用我国参数手册，则会使风险评估结果产生一定的偏差，使得高估或低估风险评估结果，因此在对云南省儿童进行健康风险评估时应当优先选用区域化（云南省）暴露参数数据库，并科学、合理地选择参数，以便提高科学研究的准确性。

（2）云南省儿童面临不安全饮水/用水的压力，加快解决云南省未经集中处理的饮水/用水带来的健康风险是保障人体健康的一项重要任务。

（3）云南省成人及儿童健康生活意识仍旧有待提高，加强环境与健康知识的宣传，有利于推动形成良好的生活方式。

第二节　存在的问题

（1）本书通过分层抽样，获得了云南省六大片区（昆明市、曲靖市、红河哈尼族彝族自治州、大理白族自治州、普洱市和丽江市）儿童（0～17 岁）暴露参数，但受限于现有研究资源的限制，如藏族、傣族等其他少数民族样本相对有限。

（2）本书通过为期 2 年的研究，形成上述一系列的成果，但受限于研究经费和周期的不足，目前的云南省居民暴露参数研究工作仅关注涉水暴露模式及关键参数、涉土壤/尘暴露模式及关键参数，对于地方化空气暴露参数心有余而力不足，与形成完整的地方化暴露参数手册尚有一段距离。

（3）云南省是全国有名的矿产资源大省，土壤元素背景值具有普遍性和地域性偏高的特点。土壤环境中的有毒有害物质可能通过食物链途径、皮肤接触、手口接触等多种途径，进入人体，威胁人类健康。据报道，虽然云南省农产品质量总体安全，但仍有超过 10 个样点的镉元素超标。虽然，在云南省土壤高背景值区域，开展了大量环境和农产品监测与调查，但基于风险管理的人群关键暴露路径尚不清楚。因此，有必要在暴露参数评估的基础上，进一步开展综合风险评估（Aggregate Exposure Assessment）。

第三节 对策与建议

（1）在区域化环境健康风险评估管理中优先使用本地化人群暴露参数。云南省是具有多民族特色的高原地区，根据调查研究，云南省居民的生活环境和文化习惯等可能与全国存在一定差异，在环境健康风险评估中使用本地化暴露参数替代全国参数，能更真实地反映人群暴露的实际情况，进而提高健康风险评估结果的准确性。

（2）建立与完善基于环境健康风险的环境与健康风险管理体系。云南省多地处于土壤环境高背景值区域，但土壤环境质量超标并不等于风险，真实暴露状况是风险管理的关键。未来，应在“以人为本”的环境风险管理理念指导下，在开展环境和农产品监测与调查的基础上，结合基于本地化的暴露参数的风险评估水平，制定差别化的风险管理措施。此外，针对目前相当比例的居民仍使用不安全饮水/用水的现状，应进一步加快云南省饮用水安全建设，且加强居民健康意识宣传和普及。

（3）进一步完善云南省暴露参数调查和相关科学研究。通过健康风险评估方法和模型的研究发现，暴露参数是模型中关键的参数，然而目前云南省仅有涉水和土壤/尘的暴露参数研究，建议进一步深化云南省人群大气暴露时间行为模式的研究，以提高健康风险评估（大气、水、土壤）的准确性，为云南健康环境建设和美丽云南建设提供支撑。

参考文献

程国霞，李俊龙，王彩霞，等，2016. 陕西省食品和饮用水中铅污染状况及风险评估[J]. 卫生研究，45（6）：988-992.

曹美苑，李鳛橙，黄柏文，2020. 国内饮用水中消毒副产物分布水平与健康风险评价[J]. 公共卫生与预防医学，31（3）：90-93.

段小丽，2012. 暴露参数的研究方法及其在环境健康风险评价中的应用[M]. 北京：科学出版社.

黄建洪，张琴，王晋坤，等，2021. 水环境污染健康风险评价中饮水量暴露参数的研究进展[J]，50（1）：146-153.

环境保护部，2013a. 中国人群环境暴露行为模式研究报告（成人卷）[M]. 北京：中国环境出版社.

环境保护部，2016. 中国人群环境暴露行为模式研究报告（儿童卷）[M]. 北京：中国环境出版社.

贾忠建，乔屹华，年志红，等，2015. 平凉市 2009—2011 年农村生活饮用水监测结果分析[J]. 中国卫生工程学，14（4）：380-381.

刘昔，王智，王学雷，等，2019. 我国典型区域地表水环境中抗生素污染现状及其生态风险评价[J]. 环境科学，40（5）：2094-2100.

中华人民共和国环境保护部. 2018 中国环境状况公报[EB/OL]. [2019-05-22]. http://www.mee.gov.cn/hjzl/sthjzk/zghjzkgb/201905/P020190619587632630618.pdf.

中华人民共和国环境保护部，国土资源部. 全国土壤污染状况公报. [2014-04-17]. http://www.mee.gov.cn/gkml/sthjbgw/qt/201404/W020140417558995804588.pdf.

COHEN D J，JONSON W T，CAPARULO B K，1976. Pica and eleveated blood lead levels in autistic and atypical children[J]. Am J Dis Child，130：47-48.

European Commission Joint Research Center. [2009-05-07]. Exposure factors sourcebook for Europe [EBPOL].

National Institute of Advanced Industrial Science and Technology. [2009-05-07]. Japanese exposure factors handbook [MPOL].

KIM S，CHEONG H K，CHOI K，et al. 2006. Development of Korean exposure factors handbook for exposure assessment[M]. Epidemiology，17：460.

XUE J，ZARTARIAN V，MOYA J，et al. 2007. A meta-analysis of children’s hand-to-mouth frequency data for estimating nondietary ingestion exposure[J]. Risk Analysis，27：411-420.

WHO，2016. Preventing disease through healthy environments：Aglobal assessment of the burden of disease from environmental risks[R]. 2016.

SIYU W，JIN M，LIPO P，et al. 2015. Quantification of soil/dust（SD）on the hands of children from Hubei Province，China using hand wipes[J]. Ecotoxicology and Environmental Safety，120：193-197.

USEPA，2011. Exposure factors handbook：EPA/600/R-090/052F[S]. Washington DC：USEPA.

USEPA，2019. Exposure factors handbook：EPA/600/R-18/259F[S]. Washington DC：USEPA.

NICOLLE S T，JACK C S，THOMAS M，et al. 2002. Frequency of mouthing behavior in young children[J]. Journal of exposure analysis and environmental epidemiology，12（4）：259-264.

附 录

附录1 儿童调查点位及样本分布

<table>
<tr><th rowspan="3">市（州）</th><th rowspan="3">县（市、区）</th><th rowspan="3">镇（乡）</th><th colspan="9">调查样本量</th></tr>
<tr><th colspan="3">城市</th><th colspan="3">农村</th><th colspan="3">合计</th></tr>
<tr><th>0～5岁</th><th>6～17岁</th><th>合计</th><th>0～5岁</th><th>6～17岁</th><th>合计</th><th>0～5岁</th><th>6～17岁</th><th>合计</th></tr>
<tr><td rowspan="3">红河哈尼族彝族自治州</td><td>蒙自市</td><td>文澜街道、草坝镇、期路白苗族乡</td><td rowspan="3">138</td><td rowspan="3">238</td><td rowspan="3">376</td><td rowspan="3">212</td><td rowspan="3">155</td><td rowspan="3">367</td><td rowspan="3">350</td><td rowspan="3">393</td><td rowspan="3">743</td></tr>
<tr><td>个旧市</td><td>城区街道、卡房镇</td></tr>
<tr><td>泸西县</td><td>中枢镇、旧城镇</td></tr>
<tr><td rowspan="3">曲靖市</td><td>麒麟区</td><td>南宁街道、越州镇</td><td rowspan="3">335</td><td rowspan="3">389</td><td rowspan="3">724</td><td rowspan="3">143</td><td rowspan="3">184</td><td rowspan="3">327</td><td rowspan="3">478</td><td rowspan="3">573</td><td rowspan="3">1 051</td></tr>
<tr><td>会泽县</td><td>金钟街道、者海镇</td></tr>
<tr><td>宣威市</td><td>板桥街道、落水镇</td></tr>
<tr><td rowspan="2">普洱市</td><td>思茅区</td><td>思茅镇、南屏镇、倚象镇</td><td rowspan="2">192</td><td rowspan="2">177</td><td rowspan="2">369</td><td rowspan="2">141</td><td rowspan="2">170</td><td rowspan="2">311</td><td rowspan="2">333</td><td rowspan="2">347</td><td rowspan="2">680</td></tr>
<tr><td>宁洱县</td><td>宁洱县、磨黑镇、同心镇</td></tr>
<tr><td rowspan="2">丽江市</td><td>古城区</td><td>大东乡、大研街道、束河街道</td><td rowspan="2">197</td><td rowspan="2">152</td><td rowspan="2">349</td><td rowspan="2">78</td><td rowspan="2">291</td><td rowspan="2">369</td><td rowspan="2">275</td><td rowspan="2">443</td><td rowspan="2">718</td></tr>
<tr><td>玉龙县</td><td>黄山镇、大具乡、九河白族乡、石鼓镇</td></tr>
<tr><td rowspan="3">大理白族自治州</td><td>大理市</td><td>下关镇、大理镇</td><td rowspan="3">128</td><td rowspan="3">171</td><td rowspan="3">299</td><td rowspan="3">162</td><td rowspan="3">214</td><td rowspan="3">376</td><td rowspan="3">290</td><td rowspan="3">385</td><td rowspan="3">675</td></tr>
<tr><td>洱源县</td><td>茈碧湖镇、三营镇</td></tr>
<tr><td>宾川县</td><td>金牛镇、宾居镇</td></tr>
<tr><td rowspan="3">昆明市</td><td>呈贡区</td><td>雨花街道、七甸街道、大渔街道、马金铺街道</td><td rowspan="3">215</td><td rowspan="3">324</td><td rowspan="3">539</td><td rowspan="3">108</td><td rowspan="3">195</td><td rowspan="3">303</td><td rowspan="3">323</td><td rowspan="3">519</td><td rowspan="3">842</td></tr>
<tr><td>盘龙区</td><td>拓东街道、滇源街道、阿子营街道</td></tr>
<tr><td>晋宁区</td><td>宝峰街道、晋城镇</td></tr>
</table>

附录 2　云南省人群时间活动行为模式调查——儿童卷

调查点地址（具体到乡镇/街道）：____________________

问卷编码：□□□□□□□□□□□

A　家庭基本情况

A1. 儿童性别：□1 男　□2 女

A2. 儿童出生日期：□□□□年□□月□□日或□□周岁

（请选择，上述填写日期为：□公历　□农历/阴历）

A3. 儿童身高：□□□cm（厘米）

A4. 儿童体重：□□□.□□kg（千克或公斤）

A5. 孩子父母的基本情况：

孩子父亲的民族：□1 汉族　□2 彝族　□3 哈尼族　□4 白族　□5 傣族 □6 苗族　□7 壮族　□8 傈僳族　□9 回族　□10 拉祜族 □11 瑶族　□12 藏族　□13 纳西族　□14 景颇族　□15 佤族 □16 布朗族　□17 布依族　□18 其他民族_____（请注明） 孩子父亲的文化程度：□1 小学及以下　□2 初中毕业　□3 高中/中专毕业 □4 大专毕业　□5 本科毕业　□6 研究生及以上 孩子父亲的职业：□1 农民　□2 牧民　□3 露天场所的个体　□4 街边商铺 □5 医务工作人员　□6 办公室人员　□7 渔民　□8 司机　□9 道路交通执勤人员 □10 教师　□11 工人　□12 无职业/待业　□13 其他________（请注明）
孩子母亲的民族：□1 汉族　□2 彝族　□3 哈尼族　□4 白族　□5 傣族 □6 苗族　□7 壮族　□8 傈僳族　□9 回族　□10 拉祜族 □11 瑶族　□12 藏族　□13 纳西族　□14 景颇族　□15 佤族 □16 布朗族　□17 布依族　□18 其他民族_______（请注明） 孩子母亲的文化程度：□1 小学及以下　□2 初中毕业　□3 高中/中专毕业 □4 大专毕业　□5 本科毕业　□6 研究生及以上 孩子母亲的职业：□1 农民　□2 牧民　□3 露天场所的个体　□4 街边商铺 □5 医务工作人员　□6 办公室人员　□7 渔民　□8 司机　□9 道路交通执勤人员 □10 教师　□11 工人　□12 无职业/待业　□13 其他________（请注明）

A6. 通常情况下，照顾孩子日常生活起居的是谁？

□1 父母　□2 爷爷奶奶/外公外婆　□3 保姆　□4 其他________（请注明）

B 与土壤/尘相关的行为模式

B1. 儿童在户外经常活动/玩耍的场所类型。（可多选）

□1 土地（具有裸露土壤的地）　□2 草地（草或农作物生长的地）

□3 沙石地　□4 矿/煤渣地　□5 瓷砖地　□6 水泥地

□7 沥青地　□8 无（不在户外玩耍）　□9 其他__________（请注明）

B2. 近 1 个月来，在户外儿童每天与土壤/尘接触（包括坐在地上/在地上爬/玩土或沙等）频率与时间。　□否 ⟶ 转 B3

接触频率（选择一个进行填写）	接触时间（分钟）
□次/天 □次/周 □次/月	□□□分钟/次

B3. 儿童平时一般在什么情况下洗手？（可多选）

□1 餐前　□2 接触不干净物品后

□3 游乐园/公园玩耍之后　□4 接触公共物品后

B4. 儿童平均每天洗多少次手？

□0～3 次（含）　□3～5 次（含）　□5～10 次（含）　□10 次以上

B5. 近 1 周来，儿童是否有啃咬或吸吮东西的情况？　□否 ⟶ 转 C1

活动类型	频率（次/天）	每次持续时间（选择一个填写）	
		分钟/次	秒/次
1 啃咬或吸吮手掌、手指或指甲	□□□次/天	□□□	□□□
2 啃咬或吸吮物品（玩具、衣服等）	□□□次/天	□□□	□□□

注：1 主要指儿童用嘴去啃咬或吸吮手掌、手指或指甲的情况；2 主要指儿童啃咬或吸吮物品（如玩具、衣服等）的情况。

C 与水相关的行为模式

C1. 儿童日常饮水（喝水、冲调奶粉等）的主要来源是什么？（单选）

□1 自来水　□2 购买的桶装水或瓶装水　□3 直接取用井水

□4 直接取用泉水　□5 其他______（请注明）

（注：此题为单选，若饮水类型多于一种时，选择主要的饮水类型）

C2. 儿童日常用水（洗手、洗脸、洗澡等）的主要来源是什么？（单选）

□1 自来水　□2 直接取用井水　□3 直接取用地表水

□4 直接取用泉水　□5 其他______（请注明）

（注：此题为单选，若日常用水类型多于一种时，选择主要的日常用水来源）

C3. 近 1 年来，儿童每天喝水（指白水，不包括冲调水和饮料）情况。（250 mL/标准杯）

春秋季→□□. □□标准杯/天

夏　季→□□. □□标准杯/天

冬　季→□□. □□标准杯/天

（注：请调查出示标准杯，询问按照标准杯来估算，儿童每天平均喝多少标准杯）

C4. 近 1 年来，儿童喝其他形式的水的情况。

项目	是否喝	喝的频率（三选一）	每次喝多少
冲调水	□是　□否	□次/天	
		□次/周	□□. □□标准杯（250 mL）
		□次/月	标准杯同上图
粥和汤	□是　□否	□次/天	
（水的总和）		□次/周	□□. □□标准碗（300 mL）
		□次/月	标准碗见下图

注：冲调水仅指冲调配方奶粉、钙片等形式的冲调水，不包括购买的牛奶、酸奶以及各种商品性质的饮料；粥和汤指两者中水的总和。

C5. 近 1 年来，儿童不同季节平均每天洗澡情况。

春秋季→	□□次/月	□□□分钟/次
夏季→	□□次/月	□□□分钟/次
冬季→	□□次/月	□□□分钟/次

（注：若儿童不满 1 周岁，则填写从孩子出生至现在所经历的几个季节的洗澡情况）

C6. 儿童日常洗澡的主要场所。（单选）

□1 公共浴室　□2 家里　□3 河、池中洗　□4 其他________（请注明）

（注：此题为单选，当儿童洗澡场所多于一种时，请选择主要的洗澡场所）

C7. 近 1 年来儿童是否游泳？ □1 是　　□2 否→结束问卷

C8. 儿童日常游泳的主要场所。（单选）

□1 家里　□2 儿童专门的游泳馆（包括育婴馆）　□3 普通游泳馆

□4 河、池等　□5 其他___________（请注明）

（注：此题为单选，当儿童游泳场所多于一种时，请选择主要的游泳场所）

C9. 近 1 年来，儿童不同季节平均每月游泳情况。

春秋季→	□□次/月	□□□分钟/次
夏季→	□□次/月	□□□分钟/次
冬季→	□□次/月	□□□分钟/次

（注：游泳时间指在游泳过程中与水实际接触时间，不包括脱、穿衣服时间。大于 1 小时要折算成分钟计算，如 1 小时 20 分钟，则填写为 80 分钟）

（注：每个季节都要填写，如果孩子不满 1 周岁，则填写从孩子出生至现在所经历的几个季节的洗澡情况）

调查员签名：

日期：　　　年　　月　　日